用户体验核心课丛书

用户研究

以人为中心的研究方法工具书

User Research

Guidebook for Human Centered Research

刘 伟 辛 欣 ◎ 主 编

北京师范大学出版集团
BEIJING NORMAL UNIVERSITY PUBLISHING GROUP
北京师范大学出版社

用户研究

UX

刘 伟 辛 欣 主编

北京师范大学出版集团
BEIJING NORMAL UNIVERSITY PUBLISHING GROUP
北京师范大学出版社

图书在版编目（CIP）数据

用户研究：以人为中心的研究方法工具书／刘伟，辛欣主编. —
北京：北京师范大学出版社，2019.9（2025.8重印）
用户体验核心课丛书
ISBN 978-7-303-23696-1

Ⅰ.①用…　Ⅱ.①刘…　②辛…　Ⅲ.①应用心理学–产品设
计–教材　Ⅳ.①TP311.1　②B84

中国版本图书馆CIP数据核字（2018）第093213号

YONGHU YANJIU

出版发行：北京师范大学出版社　www.bnup.com
　　　　　北京市西城区新街口外大街12-3号
　　　　　邮政编码：100088
印　　刷：北京虎彩文化传播有限公司
经　　销：全国新华书店
开　　本：890 mm × 1240 mm　1/16
印　　张：15
字　　数：390千字
版　　次：2019 年 9 月第 1 版
印　　次：2025 年 8 月第 3 次印刷
定　　价：78.00 元

策划编辑：何　琳　　　责任编辑：马力敏　孟　浩
美术编辑：李向昕　　　装帧设计：锋尚设计
责任校对：赵媛媛　　　责任印制：马　洁

FOREWORD
总 序

时代的召唤

在我国"四个全面"战略部署的框架下，依托"大众创业、万众创新"和"互联网+"的时代浪潮，科技与经济发展已提前进入超车道。与此同时，我们也正面临前所未有的机遇和挑战——我们能否成功完成经济模式转型和产业结构调整？是否能够成功跨越中等收入陷阱？是否能让人民生活得更有尊严？上到国家战略，下至国计民生，关注的重心无疑落在人的生产、生活品质上。无论生产效率、自我实现，抑或是幸福感等，均可以在产品和服务的用户体验中体现。用户体验可以体现在微观的空气中悬浮物的指标控制，也可以体现在宏观的影响数亿人的国家政策，它影响着人们生活的方方面面。2015年，北京师范大学心理学部率先创建国内第一个应用心理专业硕士用户体验方向，并于2016年9月招收第一届学生。这一举动立足于有效服务社会、满足国家的需求、响应时代的召唤，将用户体验教育推向学术化、专业化和系统化的道路。

创新的融合

用户体验是一个交叉融合的学科方向，与心理学、设计、科技、商业等多个领域均有交集。用户体验理论上依托于北京师范大学心理学强大的专业背景，实践上已经在商业实践环节得到了高度重视，企业、政府不断提出体验创新以推动发展。北京师范大学在专业硕士培养方案中引入用户体验方向的优势得天独厚，重视实践型人才的培养，这将为企业提供战斗在第一线的用户体验人才。

心理学、设计、科技、商业等领域在用户体验中不是简单的加法，而是完成了更高维度上的融合。心理学实证的科学态度为设计带来有效、可靠的方法论，设计成为让心理学的研究结果可以服务于人的生活的重要途径。更高维度上的融合体现在多个领域共同作用产生了用户体验的思想。

这种充分尊重用户、以人为本的思想不仅影响了设计这个行业，而且对于社会发展也具有重大意义。这种思想的出现标志着人类正在从工业时代遗留的"人服务机器"的想法中解放出来，从"机器是这样设计的，所以我要学习这样操作"演化成"人习惯这样操作，所以产品应该这样设计"。

使命与自省

作为世界上人口最多的国家和最大的商业市场，中国在高速发展的进程中，迫切地需要用户体验的人才、方法和理论，这也是我们撰写这一套"用户体验核心课丛书"的原因。该丛书包含了《用户体验概论》《用户研究——以人为中心的研究方法工具书》《交互品质——用户体验程序与方法工具书》《工程心理学应用》《产品服务体系策略》《交互与界面设计》和《用户体验经典案例》。该丛书包含了用户体验的理论知识、具体的方法和流程、真实案例的具体分析，以及北京师范大学心理学部创建用户体验方向的心得和经验。该丛书适用于心理学研究人员、用户体验设计师以及对用户体验感兴趣的人或组织。

"实践是检验真理的唯一标准"，这句话对于发展迅速的用户体验学科尤为重要。北京师范大学应用心理专业硕士用户体验方向创建以来，积累了大量的理论方法和案例。该丛书包含了用户体验方向的开创者的心路历程。各位教师的教学和方向建设的心血、学生的课题内容和实践项目经历，是集体知识沉淀的果实。但我们还年轻，需要走的路还很长，我们要始终保持开放与谦虚的态度迎接每一位读者的检阅。希望每一位读者都能在书中有所得，让我们共同扛起用户体验这面大旗，做到服务社会、回馈祖国。

刘 嘉

2019年5月

PREFACE
前 言

　　当今社会，人们越来越重视工作和生活的便利性与舒适性。随着我们生活中各种产品或服务的不断更新，重视人的需求和顺应人的行为习惯的产品或服务被保留下来，大量难用的、使用效率低的产品或服务逐渐被淘汰。以人为中心的思想越来越明显地体现在当今的中国社会中。如何做到以人为中心似乎成为每个企业挖空心思想要做的事情。企业在进行产品或服务定位的时候发现从市场部门、技术部门、设计部门、销售部门获得的数据和反馈并不能直接转化为用户需求。于是用户研究员这个职位逐渐在企业中盛行，开始有专门的人去研究用户的真实需求和反馈，从而在产品或服务的迭代和更新过程中给予方向的指引。

　　《用户研究——以人为中心的研究方法工具书》面向广大用户体验的初学者。考虑到学生学习和教师教学的需求，本书阐述了用户体验的基本理论及用户研究的主要流程，并收录了目前企业界在用户研究过程中所采用的21种主要研究方法和工具。同时，本书也收录了来自唐硕体验创新咨询公司（以下简称唐硕公司）近年来的经典用户研究案例，以及北京师范大学应用心理专业硕士用户体验方向的负责人刘伟老师在博士学习期间的项目案例。本书的第五章展示了北京师范大学应用心理专业硕士用户体验方向的2016级学生在"用户研究"课程上的成果，向广大读者展示全流程的用户研究过程。

　　本书的第一章介绍用户研究的基本概念及基本流程，并详细阐述唐硕公司历经数年总结出的用户研究思想：全局性用户体验思维和基于用户洞察的体验思维。第二章将用户研究经常用到的21种方法和工具一一展开，进行详尽的讲解，包括使用方法、注意事项及局限性。第三章以4个实际案例来展示理论和方法在实际项目中的运用。第四章的教学模式主要服务于教师，为用户研究课程的开展提供依据和参考。在北京师范大学应用心理专业硕士用户体验方向的课程设置中，"用户研究"这门课程邀请到唐硕公司的李宏、蔡晴晴和王阅微等7位业界专家来授课，用企业的案例反哺理论，开展教学工作。课程的内容设置和课程计划在这章中毫无保留地展示出来，以供用户研究的学习者了解和借鉴。第五章为课程成果展示。课题内容围绕阅读、旅行、健身、陪伴、购物和兼职6个主题展开。这是北京师范大学应用心理专业硕士用户体验方向的2016级学生经过6周紧张工作的全部课业成果。第六章介绍了用户研究的未来趋势，包括用户研究与大数据、可穿戴设备、游戏化测量、服务设计、人工智能的结合五个方面。

感谢北京师范大学出版社的何琳老师，正是她的鞭策与鼓励，才使本书得以出版。《用户研究——以人为中心的研究方法工具书》的出版，得到了唐硕公司的大力支持。感谢唐硕公司提供的3个经典案例，使本书的理论得以验证。特别感谢李宏老师在百忙之中为案例的撰写提供专业的指导意见。感谢参与本书编写的用户体验方向的学生：樊雨薇、李孟凡、苗淼、乔良、王浩之、吴梦涵、徐晗、易如、张环宇、张越洲。感谢所有北京师范大学应用心理专业硕士用户体验方向的2016级学生，没有他们的努力工作，就没有课程案例的精彩呈现。最后，希望在未来能持续将学生在课堂上的成果以作品集的方式进行出版。

编　者
2019年5月

CONTENTS
目 录

01 用户研究理论

02 用户研究的方法和工具

03 用户研究的案例

04 用户研究的教学模式

05 用户研究的教学实践

06 用户研究的未来趋势

用户研究理论 01

本章主要介绍用户研究的相关理论基础知识。在了解用户研究之前，我们需要掌握两个用户研究的基本思维，即全局性用户体验思维和基于用户洞察的体验思维，在这两个思维的基础上认识用户研究。

在用户研究中，我们需要根据研究的目的和内容，选择适当的定性或定量研究的方法，制订研究计划书，确定用户研究的基本流程，梳理用户研究中的每一个步骤之间的逻辑关系。之后，我们才可以开始进行用户研究。另外，用户研究结果的呈现非常重要，研究报告是整个研究过程及结果的呈现，包括研究背景、研究变量、研究方法、数据分析、结果分析和结论等。

在用户研究过程中，我们需要注意以下几点。

① 以全局性用户体验思维思考用户、企业之间的关系，通过以用户为中心的思维探索用户真正的需求，提出更好的产品和服务设计理念。

② 基于用户洞察定义目标用户群体，确定用户使用产品的情境，探索用户需求，进行产品定位。

③ 所有的研究都要具有受控性、严谨性、系统性、有效性、可重复性、实证性和批判性。

④ 用户研究是一种应用型研究，目的是帮助研究者了解用户的特点、需求和行为。

⑤ 根据不同的研究目的和内容，选择合适的定量和定性的研究方法。定量和定性的研究方法并不是相对立的，大多数的时候需要相结合。

⑥ 研究计划书是项目启动时对全局的统筹安排，是控制项目进度的工具，以便确定工作节奏。但针对不同的研究目的，所使用的方法、过程要根据项目特点进行适当的调整。

⑦ 研究报告是项目成果的一种展现形式，目的是将研究思路与结果清晰地记录并表达出来。

第一节　全局性用户体验思维

用户体验思维要求设计的产品或者服务必须要基于用户的生活方式以及一定的文化背景、社会环境，需要站在一个比较高的视角去思考整个社会生态，即用户体验设计不仅要考虑用户需求，而且要考虑企业的利益，做到企业与用户之间的平衡。

一、全局观

在用户研究中，我们需要基于企业的设计战略把握整体用户体验设计的架构，从全局性的整体框架中找出相应情境下的用户痛点及需求。在此基础上，我们提出设计方案以满足用户需求，最终实现商业目标。

企业和用户通过产品或服务联系在一起，产品或服务的体验要素考虑得越周全，产品、服务、企业、用户之间的联系就会越紧密。全局性战略的思维一共分为三个层面：最外围是产品或服务的生态圈，中间是产品或服务的架构，内层是产品或服务的方案，最后到达核心——商业目标，如图1-1所示。每一个层面都需要从用户和企业的角度去进行了解和研究。

在产品或服务的生态圈层面，首先我们需要了解目标用户群体的文化背景，如90后的"宅"文化等。其次我们要了解目标用户群体的生活方式。比如，90后喜欢看动漫，喜欢玩桌游等。最后我们要了解目标用户群体所生活的社会环境，如城市或乡村，学校或职场。对于企业，我们需要了解企业的定位、组织结构、商业竞争与合作，以及在行业与技术上的趋势。

在产品或服务的架构层面，对于用户，我们需要了解在社会生态环境下的用户核心需求，了解用户在特定情境中使用产品或服务的情绪和方式。对于企业，我们需要了解企业的核心竞争力和市场细分，了解企业的投资与成本，确定企业的效率以及产出的质量。

产品或服务的生态圈

产品或服务的架构

产品或服务的方案

商业目标

用户

企业

文化背景	核心需求	体验流程	技术资源支持	企业核心竞争力	企业定位
生活方式	使用情绪	触点与渠道	操作流程	市场细分	组织架构
社会环境	使用方式	交互方式	各部门职责划分	投资与成本	商业竞争与合作
			产品或服务的调整与完善	效率与质量	行业与技术趋势

图1-1 全局性战略的思维（唐硕公司）

在产品或服务的方案层面，我们需要研究产品或服务目标用户群体的用户体验流程、产品实现的触点与渠道以及目标用户所偏爱的交互方式。对于企业，我们需要了解关于产品实现的技术资源支持和一系列操作流程，划分各部门的工作职责，调整与完善产品或服务。

在收集了足够多的产品与服务架构以及方案设计的信息之后，再结合商业目标，产品和服务的设计方向才会更加明确，有助于设计师下一步提出设计概念。图1-2为全局性战略的研究方法与过程，其中包括很多方法。我们会在第二章介绍这些方法。

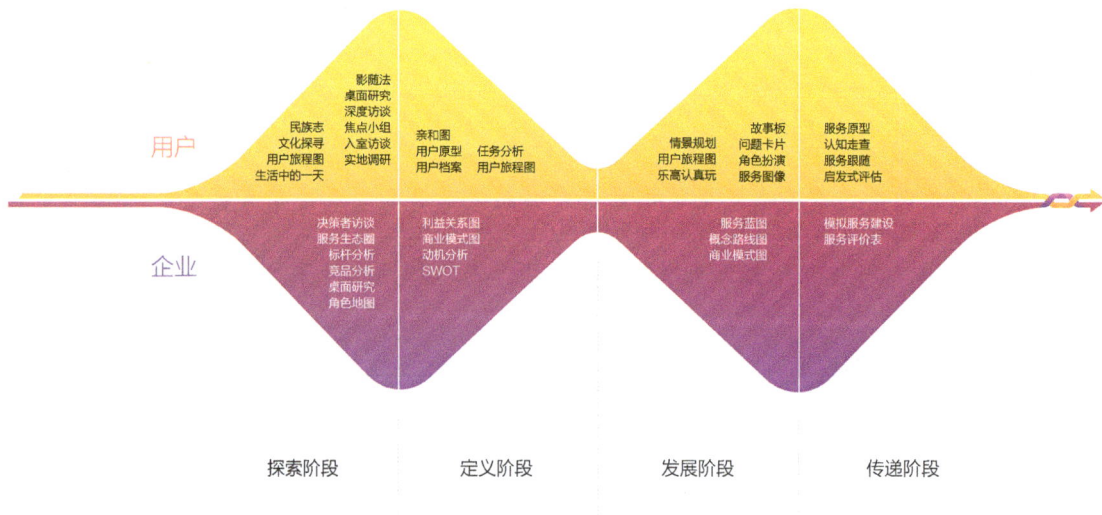

用户

影随法
桌面研究
深度访谈
焦点小组
入室访谈
实地调研

民族志
文化探寻
用户旅程图
生活中的一天

亲和图
用户原案
用户档案

任务分析
用户旅程图

情景规划
用户旅程图
乐高认真玩

故事板
问题卡片
角色扮演
服务图像

服务原型
认知走查
服务跟随
启发式评估

企业

决策者访谈
服务生态圈
标杆分析
竞品分析
桌面研究
角色地图

利益关系图
商业模式图
动机分析
SWOT

服务蓝图
概念路线图
商业模式图

模拟服务建设
服务评价表

探索阶段　　　　定义阶段　　　　发展阶段　　　　传递阶段

图1-2 全局性战略的研究方法与过程（唐硕公司）

二、以用户为中心的思维

我们有没有发现在生活中，手边的东西常常没有那么好用。比如，打开电视机发现看不到节目，还需要调试半天。我们错误理解了说明和注释，烘干机怎么也不出风。还有我们在手中摆弄很久也没有明白如何顺利地使用音响。这些都源于产品没有按照用户的思维和行为模式进行设计，即我们还需要有以用户为中心的思维，来提高产品或服务的可用性和易用性。本部分将探讨如何建立以用户为中心的思维。

（一）什么是以用户为中心

生活中这些恼人的设计到底在哪里出现了问题？用户的语言理解能力有问题？产品设计有缺陷？

不！换个角度，坚定地说：用户没有必要忍受像这样的设计！于是，以用户为中心逐渐被重视起来。

以用户为中心旨在关注用户，在各个阶段围绕用户的需求和要求，通过应用人体工程学、可用性知识和技术，使产品体系可用和易用。这种方法可以有效提高产品的可用性和易用性，从而提高用户的满意度。

唐纳德·A.诺曼（Donald A. Norman）的《设计心理学》（*The Design of Everyday Things*）强调基于用户需求的设计在日常生活中的重要性，错误的设计造成错误的后果，以及构建精心设计的产品原则。

根据诺曼的观点，以用户为中心的思维包含以下几个方面。

一是易用，任何时候都能让用户很容易知道下一步的操作是什么。这就是为什么说明书从厚厚的一大本，演变成为几页的操作指南，甚至很多产品都没有说明书。人们把产品拿到手里就用，没有丝毫的使用障碍。如果用户知道自己要做什么，那么还用花时间去查找当下"应该"的操作吗？

二是可视，包括可视化产品的模型架构、用户需要做出的选择和选择后的结果。任何时候过多的文字都不是很好的呈现方式，试着用图形或者符号去替代大段文字会是个不错的选择。

三是反馈，让用户可以轻松评估当前的状态。想象一下，当用户有一个动作之后，系统没有做出任何反馈，用户会不会认为是死机了？还是正在运行，得再等会儿？还是根本就没有点触到？

四是自然交互，遵循用户的使用习惯和认知是很有必要的。这样不会让用户怀疑是不是自己做错了什么，怀疑自己的行为和结果是否对应。

我们把这些内容放在心中，在开发产品的过程中时刻提醒自己，为用户提供便利，也是在确保用户能够按照预期的方式使用产品。

但是，即使有这四条宏观的概念指导开发产品，用户还是会对具体要怎么操作感到疑惑，这就需要一些具体的设计原则来指导工作。

1. 使用容易理解的语言词汇

想一想在银行取款机上迷茫的眼神，想一想去国外旅行时，面对看不懂的语言的指路牌，有没有一种全世界都充满了恶意的感觉？总之，设计需要明确易懂。

2. 简化任务的结构

一般来说，用户一次可以记住五件事情。在设计架构之初，设计师总会想着，这么简单的操作随便点一点就找到了。但是想一想，斯金纳那只鸽子，经过多少次的尝试，才发现"原来我啄那个按钮就会有吃的啊"[1]。事实上，用户不是那只鸽子，也不在笼子里，更没有那个耐心，用户会在下一秒就放弃了正在使用的产品。

3. 明确控件的功能

清晰简洁的语言能够让用户清楚地知道每一步操作的目的。

4. 使用图形语言

用户对于大段的文字是没有什么耐心的，能用图形说明白的事情就不要用过多的文字去表述。

5. 保证当下任务的唯一性

时刻给用户一种"当下我只有一件事情要做"的感觉，而不是需要同时进行多个任务。

6. 为可能发生的错误买单

流程设计中需要预留出口，为随时可能发生的错误做预案。比如，任何时候都应该允许用户返回上一步操作，或在出现错误操作后引导用户进行下一步操作。

7. 遵守国际惯例

行业标准是社会公认的，已有的行业标准，会是最好的指南。

总之，无论分析任务还是需求，以用户为中心的思维通过将人的观点纳入设计的全流程，寻找解决问题的方案，需要由始至终将用户放在首位。

（二）以用户为中心的优势

以用户为中心的思维可以帮助企业进行更安全、更高效的产品开发，为雇主和供应商带来巨大的经济和社会效益。用户的需求被放在重要位

[1] "斯金纳的鸽子"源自新行为主义心理学的创始人之一的斯金纳为研究操作性条件反射而设计的实验。

置，用户参与到产品开发的每一个环节，可以快速提升产品质量。例如，使产品更容易理解和使用，从而减少培训和技术支持成本；提高生产力和组织的运营效率；改善用户体验，提高产品使用过程中的流畅性；提供竞争优势，改善品牌形象；为可持续发展做出贡献。

除此之外，以用户为中心的思维还帮助设计团队梳理清楚用户对新产品的期望，从而清晰地知道产品未来的发展趋势和价值曲线，引导用户行为或创造出新的操作方式。

当然，以用户为中心的思维要求团队具有跨专业的工作能力。团队由不同学科背景的人员组成，如设计师、技术人员、心理学家、社会学家和人类学家。他们的工作是了解用户需求，转化为产品功能，最终使产品成为现实，再将产品推向市场，完成产品的生命链。

这种团队合作的模式和思维方法要求团队成员必须学会有效沟通，并尊重彼此的贡献和专长。这可能会增加时间成本，在"小步快跑"的开发模式下，管理层可能会质疑这个迭代是否有必要，特别是为了"以用户为中心的设计"而耽误了上线DDL（Deadline，截止日期）（Dix, et al., 1997; Preece, et al., 1994; Preece, Rogers, & Sharp, 2002）。

表1-1总结了以用户为中心的思维的优点和缺点，以供参考。

（三）如何让用户参与到开发流程

让用户参与到产品或者服务体系的开发中，不是简单地邀请用户作为旁观者。首先需要明确：谁是用户？最直接的答案是使用产品或完成目标任务的人员。但也存在其他用户，管理用户的人也有需求和期望，也就是我们常说的产品运营方。在开发过程中，我们也应该考虑到他们的需求和期望。

伊森·肯（Eason Ken，1987）确定了三种类型的用户：主要用户、次要用户和潜在用户。主要用户是指那些实际经常使用产品的人；次要用户是指偶尔使用产品或通过别的媒介才使用产品的人；潜在用户是指还在观望、有可能购买和使用产品的人。因此，产品开发的初期必须考虑到广泛的利益相关者，虽然不是所有类型的用户都需要参与到开发流程中，但是不能忽略他们的影响（Preece, Rogers, & Sharp, 2002）。

确定了相关用户，我们可以通过洞察已有市场数据或启动用户研究项目来了解用户需求。开发人员以此为依据开发和迭代解决方案，并进行用户评估。在最初阶段，用简单的纸张和铅笔绘制草图，听取用户的讨论意见，从初步的访谈中

表1-1 以用户为中心的思维的优点和缺点

优点	缺点
使产品更加高效、安全	成本高
帮助提升用户的满意度和期望值	费时
使用户建立产品归属感	要求设计团队有更广泛的人员投入和精力投入
减少返工，快速适应情境	研究数据难以直接运用到方案设计中
合作过程中易产生更多的创新解决方案	使产品具有的情境针对性过高，不易推广和复制

得到反馈，迭代方案。随着设计的不断迭代，我们可以制作低保真原型去进行用户测试。这一阶段的设计团队应该密切关注用户的评估结果，因为它们将有助于对产品的可用性设计进行优化。只有通过不断收集迭代过程中用户遇到的问题，才能对产品进行改进。让用户参与到开发流程的方法、目的和阶段，可以见表1-2。

在用户研究过程中，我们需要具备全局性用户体验思维，站在全局的角度，从服务生态、服务构架和设计方案中找到企业目标，平衡企业和用户之间的利益，为用户创造良好的用户体验，助力企业获取商业利润。

表1-2 用户参与到开发流程

方法	目的	设计阶段
用户访谈和问卷	收集用户的期望和需求等数据；收集与产品使用流程有关的数据；评估设计方案、原型和最终产品	项目启动初期、设计初期和中后期
焦点小组	大范围地讨论和描述利益相关者的问题和需求	设计初期
影子观察	收集用户在使用情境下的行为和体验	设计初期
角色扮演 快速原型测试	评估设计方案，获得更多用户的需求和期望；评估产品原型	设计初期和中后期

第二节　基于用户洞察的体验思维

相对于方法而言，用户研究者应该更加注重思维训练，将用户体验思维变成一种思维习惯。思维与方法不同，方法可以通过看一本书、多学习就能掌握。但思维是一种习惯，需要我们对生活中的事物和行为抱有好奇心，洞察生活中的细节，并长期坚持。

我们在探究用户需求的时候会发现，有些用户并不能明确表达自身的需求，或并不知道自己的需求是什么。这就需要使用研究方法去探索，从用户生活的种种细小行为中洞察出用户需求，并提出具有针对性和创新性的设计理念。一个优秀的用户研究者应具备敏锐的洞察力，让产品以更好的方式满足用户需求。

一、洞察什么

每个产品或者服务的开发与设计都需要不断地引入用户的声音，利用用户的价值去设计，那么我们到底要从用户身上洞察什么？

最基本的是洞察用户需求。例如，苹果公司打造的iPhoto，是一款面向业余摄影师的照片管理应用。多数照片管理应用使用了专业的名称和数值，操作的学习成本较高。对于业余摄影师来说，需要的是操作便捷、功能简捷的应用。通过洞察可以发现，产品痛点是专业照片管理工具的复杂带来的高学习成本，需求是降低照片管理应用的学习门槛，提升操作的便捷性。

因此，进行用户研究最重要的是弄清楚用户是谁，需要打造一款有什么功能的产品或服务，在什么情境下使用。这里面包含几个关键词：目标用户、需求、痛点、产品定位和场景。

充分的洞察力有助于得出用户研究的有力结论，从而促使设计师们设计出具备卓越用户体验的产品。再如，苹果公司iPod系列包含四款产品，分别是iPod Classic、iPod Nano、iPod Shuffle和iPod Touch。

iPod Classic的目标用户群体是音乐热衷者。对于音乐热衷者来说，音乐存在于他们生活中的方方面面。iPod Classic 的储存量很大，同时内置一个全集式的音乐中心，可以存储不同类型和风格的音乐专辑。用一句话概括来 iPod Classic 的定位：音乐热衷者在与音乐形影不离中需要一款全集式的音乐中心。

iPod Nano 的目标用户群体是年轻的时尚群体。iPod Nano 是在移动时听音乐使用的，如走路或者坐车的时候，因此 iPod Nano 轻便小巧，便于携带。iPod Nano 需要满足用户的情感性需求，它有金属质感的外壳及多样的配色，用于匹配年轻人追求个性的性格。用一句话来概括 iPod Nano 的定位：年轻时尚群体在移动听音乐时需要一款彰显炫酷个性的音乐播放器。

iPod Shuffle 的目标用户群体是健身爱好者，目的是满足健身爱好者在锻炼身体的时候使用，如爬山、跑步、健身等。它需要满足的核心需求是便捷性，因此这款便携至上的产品大刀阔斧地去掉了屏幕，取而代之的是使用物理按键来完成操作，同时增加体感交互，如使用"甩一甩"进行音乐切换的功能。用一句话来概括 iPod Shuffle 的定位：健身爱好者在锻炼身体时需要一款便携的音乐播放器。

iPod Touch 的目标用户群体是非 iPhone 用户，目的是可以让非 iPhone 用户体验 iOS 应用的娱乐中心，通过降低"准入"门槛来提升整体产品线的销售量。用一句话来概括 iPod Touch 的定位：非 iPhone 用户在碎片时间中需要一款享用 iOS 应用的娱乐中心。

我们从 iPod 的产品案例中可以看出对不同目标用户群体进行洞察的重要性。由于目标用户群体的不同，整个产品设计的理念也不同。iPod 的每一款产品所满足的具体的目标用户群体的核心需求都是非常明确的，因此我们

需要细分用户群体，探索不同用户群体的核心需求。

二、如何洞察

充分的洞察可以让我们更好地提出设计概念，那么我们应该如何洞察呢？

首先，提取最核心的与产品相关的用户特征。我们在进行用户调研的时候，会发现用户群体有很多特征，比如说 95 后是科技宅。那么什么特征是与这个产品最相关的呢？我们需要选择最能影响产品特性的用户特征，如图 1-3 所示。

图 1-3 用户特征影响产品特性

其次，确定产品的使用情境。情境不是简单的"动词+名词"，如听音乐，我们可以在运动的时候听音乐，也可以随时随地听音乐。也就是说，听音乐情境下的用户需求是模糊的。同样是听音乐的行为，我们需要确定情境中所包含的人物、时间和地点，这些因素加起来才算一个完整的情境。例如，在跑步爱好者在室外路跑的情境中，人物是"跑步爱好者"，时间是"跑的时候"，地点是"室外"。确定了具体的情境后，我们会发现其中的用户需求是多样的。这时候，我们需要洞察某一类用户在某一特定情境下的核心需求是什么，再对所有的需求进行优先级排序。从洞察用户到分析用户，最后到用户需求的产出，这就是用户研究的一般程序。通过用户、情境和需求的确定，给产

品功能以明确的定位，这是用户研究所要达到的最终目标。

最后，洞察生活中的情感。产品设计中的情感因素与产品的功能和形式一样应当受到高度重视。功能和形式是产品最基本的考虑要素，是为了满足用户的最基本的需求。当满足这个基本需求的产品越来越多时，情感性因素就成为这个产品的竞争力。当一个产品被赋予积极的情感色彩时，给用户带来的体验将会超越预期，有利于用户进一步接触产品，驱动用户深入了解产品。另外，产品设计中加入唤起用户感觉或回忆的情感性因素，可以使得用户对该产品产生情感联结，使得产品的设计理念深入用户内心，建立品牌的认同感和忠诚度。

以可口可乐公司为例，它正是紧紧抓住情感性因素这一点，根据不同地区的文化背景，投放不同主题的广告，赋予产品一定的情感。这种情感会让用户产生共情，增加用户对品牌的认同感。比如，在中国，春节期间会以"团圆"为主题，利用中国人过年回家的情境，表达人们在过年时盼望快点见到自己所爱的人的急切情感。切合用户回家过年时产生的思念、团圆的感情，唤起用户的同理心，从而促使用户发生移情，把可口可乐与团圆紧密联系在一起。这样一个赋予情感色彩的广告，可以让用户在过年的时候，或者是其他团聚的时刻，都会想起可口可乐。广告的作用是潜移默化的，在心理学上叫作睡眠者效应，即尽管用户已经忘记了信息的来源，但是信息的内容却深深留在了用户的记忆中。一提到可乐，用户自然而然会想起可口可乐，从而增加可口可乐产品的销量。

用户体验思维是建立在用户洞察的基础上的。我们要充分利用自身的洞察力，定义目标用户群体，确定用户使用产品的情境，探索用户需求，进行产品定位，如图1-4所示。同时，需要洞察用户的情感需求，进行情感化设计。

我们的用户**在什么情境中需要一款**什么样**的**产品

目标用户　　　使用情境　　　　　　需求　　产品定位

图1-4 用户洞察力

第三节 什么是用户研究

任何学科都离不开研究。研究不仅是一项技能，而且是一种习惯，如批判地审视日常工作的各个方面，提出新的理论来指导实践，并在实践中检验理论。研究是一种习惯，对身边的事物产生疑问，提出问题，再有计划、有系统地收集资料，分析数据，并获得研究结论。

一、研究从问题中来

一名医疗行业的从业者可能在医院或者社区卫生站工作，可能是护士、医生、理疗师、社工、护工等。在任何一个岗位上，他们都可能会思考如下问题。

① 我每天看多少位病人？

② 我的病人普遍出现了什么样的症状？

③ 出现这些症状的原因是什么？

④ 为什么一些人有这样的症状而其他人没有？

⑤ 为什么一些人接受医疗服务而其他人没有？

⑥ 人们怎样看待医疗服务？

⑦ 人们对我的服务有多满意？

⑧ 我的服务质量还能怎样提升？

从另一个角度来看，机构的监管者、管理人员或者经理会想到不同的关于效率和有效服务的如下问题。

① 有多少人会来到我们的机构？

② 我们的客户的经济地位如何？来自哪里？属于什么行业？

③ 一名员工每天能接待多少位患者？

④ 为什么一些人来我们这里就诊而其他人没有？

⑤ 我们的服务效率有多高？

⑥ 我们的客户有哪些共同点？

⑦ 我们的优势和劣势在哪里？

⑧ 客户对我们的满意度如何？

⑨ 我们还能对服务进行怎样的改进？

研究便是帮助这些人客观地回答这些问题的方法之一。

二、研究的定义

获得上述问题的答案的方式有很多，可以用非正式的观察，也可以用严格的科学研究方法来探究，研究只是获取答案的众多途径中的一种。

格里内尔（Grinnell）提出，研究是一种利用科学方法解决问题并创造新的普遍适用的知识的结构化调查。

伦德伯格（Lundberg）认为，科学方法包括系统观测、数据的分类和解释。很明显，这是几乎所有人日常生活的过程。我们对日常生活的概括与科学研究结论的区别在于：后者应用科学方法保障了其正式程度、严谨性、可验证性和一般有效性。

伯恩斯（Burns）认为，研究是为了寻找问题的答案而进行的系统调查。

克林格（Kerlinger）认为，科学研究是一个系统的、受控的对不同现象之间的关系的假设进行的实证或批判性的调查。

根据上述学者给出的解释，可以发现研究包含以下要点：研究必须利用科学方法；科学活动主要是调查、分类和解释。

研究可以是设计一个简单的实验去解释日常生活中的简单问题，也可以是提出一个复杂的理论或者发现现实世界的某种规律。一旦要进行一项研究，那就意味着这个过程使用了效度、信度较高的方法和技术，并且是公正的、客观的。

效度确保了使用该方法可以得出真实结果

的程度，信度确保了研究过程的可重复性和准确性。公正和客观意味着在每一个步骤中，主试者都秉持着无偏见的态度，在结果中不掺杂个人的主观因素。主观和偏见的区别在于：主观是人的思维方式的组成部分，受个体的教育背景、原则、经验和技能的影响。比如，心理学家看待一件事情的角度与人类学家、历史学家的角度是不一样的。偏见是脱离客观事实的消极认知与态度，故意隐瞒或故意突现，如刻板印象。

从上述学者对研究的解释中我们可以看出，研究是收集、分析和解释信息的一个过程。

三、研究的特点

当一个研究的过程具有受控性、严谨性、系统性、有效性、实证性和批判性时，才能被称为研究，如图1-5所示。

（一）受控性

现实生活中，一个现象可能受多种因素的影响。某个特定的事件很少是一对一关系产生的结果，大多数是多种关系、多种因素相互影响而产生的结果。结果和原因联系起来很重要，而且是必不可少的。但是，在实践中，尤其是

图1-5 研究的特点

在社会科学的研究中，想要建立因和果的联系非常困难，甚至是不可能的。在探索两个变量的因果关系时，要尽可能地排除或减少无关变量对这种关系的影响。在自然科学的研究中，这可以在很大程度上实现，因为大部分自然科学的研究是在实验室条件下进行的。但对于社会科学研究来说，其研究对象是人，严格的控制几乎是不可能的。由于无法很好地控制无关变量，只能尽可能地减少它们的影响。

（二）严谨性

研究人员必须小心谨慎，确保研究的程序是有意义的，是适当且合理的。当然，自然科学和社会科学对于严谨程度的要求是不一样的，甚至社会科学的不同专业要求也不一样。

（三）系统性

这意味着研究过程应当具有逻辑顺序。研究的步骤不应是杂乱无章的，需要研究人员精心设计一系列具有逻辑的步骤，或者参考前人的研究范式。

（四）有效性

有效性即可重复性。在研究的最后阶段，不管基于研究结果得出了怎样的结论，这个结论应当是符合逻辑的，是可以被证伪的，且可以由他人重复。

（五）实证性

任何结果、结论的提出，都是通过实际调查、观察、实验而来的，是基于事实的，而不是凭空想象的。

（六）批判性

批判地评估研究的过程和研究方法的使用，这对于一项研究来说非常重要。这种评估必须基于充分的理性和客观事实而进行理论评估和客观评价。研究必须经过这种严格的评估后，才能保证结果的可靠性。

四、研究的类型

研究可以从以下三个方面来进行分类。这三种分类并不是相互排斥的，也就是说，一项研究可以按用途分类，也可以按目标和模式来分类。

（一）按用途分类

按研究的用途来分类，可以将研究分为学术性研究和应用性研究，如图1-6所示。贝利（Bailey）提出，学术性研究包括提出理论与假设，这对研究者有着很高的要求，但研究结果在当前或未来不一定有实际的应用。所以这些工作往往涉及非常抽象和专业化的，在假设条件下对概念的测试。

应用性研究关注研究方法、研究过程、研究技术和工具的发展、验证和提炼。例如，开发一种抽样技术帮助被试的取样；设计一个方法来评估过程的有效性；编制一个量表来测量个体的压力水平；找到测量个体态度的最好的方式。

大部分社会科学研究是应用性的。换句话说，研究技术、程序和方法是用来收集不同的情况、问题或现象的信息，目的是让收集到的信息应用到更广泛的方面，如帮助制定政策、执行企业管理项目等。

（二）按目标分类

按研究的目标分类，可以将研究分为描述性研究、相关性研究、解释性研究和探索性研究，如图1-7所示。

描述性研究是系统地描述一种情况、问题、现象、服务或项目，如提供社区居住环境的信息分析及描述，或者对某件事的态度阐述。最好的例子是人口普查，其目的是描述某国或某地区的人口特征。例如，描述澳大利亚内陆地区居民的居住情况、社区居民的需求、儿童面临家庭暴力时的感受等。描述性研究的主要目的是描述关于所研究问题最普遍的情况。

相关性研究是探索或建立两个因素之间的关系和相互影响。一场产品推广会对产品销量有何影响？充满压力的生活和心脏病发病率在多大程度

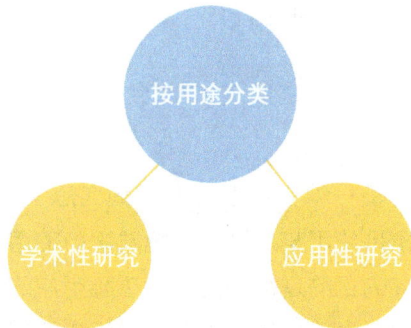

图1-6 按用途分类　　　　图1-7 按目标分类

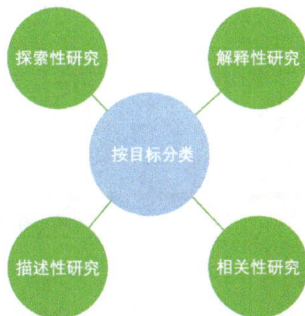

上相关？出生率和死亡率的关系是什么？科技发展对失业率的影响有多大？健康服务对疾病的控制有何影响？家庭环境对教育成果有何影响？上述问题所探究的是两个因素之间的联系，它们是相关性研究。

解释性研究是阐明两个因素是怎样相互影响的。比如，充满压力的生活为什么会导致心脏病？为什么死亡率下降会导致出生率下降？家庭环境是怎样影响儿童成绩的？

探索性研究是探索一个人们知之甚少的领域，或是调查开展这项研究是否可行。若研究的目的是这件事可行与否，那么这个研究也可以被叫作可行性研究。探索性研究通常被用来探索那些研究人员不太了解或根本不了解的事情。一个探索性的小范围研究，有助于我们决定是否继续往这个方向深入探索。探索性研究也被用来开发、改进或检验测量工具和程序。

（三）按模式分类

按研究的模式来分类，可以将研究分为定量研究和定性研究，如图1-8所示。使用结构化方法的研究通常是定量研究；使用非结构化方法的研究通常是定性研究。

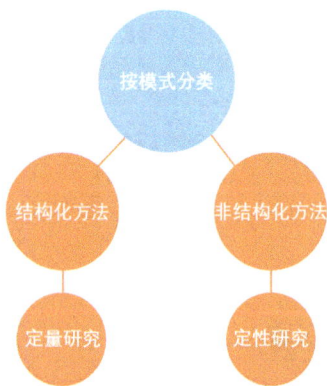

图1-8 按模式分类

在使用结构化方法时，研究过程的每一个步骤、目的、设计、样本、需要被试回答的问题等，都是被预先安排好的。相反，非结构化方法在使用的过程中是很灵活的。两种方法同样重要，也同样具有优缺点。开展研究时，究竟什么时候使用结构化方法定量，什么时候使用非结构化方法定性，取决于调查研究的目的和结果的用途。

通常情况下，如果研究的目的是描述一种情况、现象、问题或事件，那么使用定性研究方法，用来解释"为什么"的问题。

相反，如果研究的目的是量化一种情况、现象、问题或事件，依靠统计结果和数据来得出结论，用来解决"是什么"的问题，那么这就是一个定量研究。

一项研究不应只有定性研究，也不应只有定量研究。人类学、历史学、社会学等更多地包括定性研究，心理学、经济学、教育学等更多地包括定量研究，但是这并不意味着人类学家、历史学家和社会学家只进行定性研究，心理学家、经济学家和教育学家只进行定量研究。两者相结合才能让研究更全面，使结果更具有说服力，能够同时说明"是什么"和"为什么"的问题。例如，研究智能家居的类型及其普及程度时，智能家居的类型需要通过定性研究来进行描述，其普及程度需要统计使用智能家居的家庭数量进行定量研究。

五、用户研究

用户研究是一种应用型研究，顾名思义，它研究的对象是使用某产品、系统或服务的用户。用户研究的目的是帮助设计师了解用户的特点、需求和行为。只有建立在了解用户的基础上，设计才会是有针对性的，才能满足用户的需求，才能有效地改善他们的工作和生活。用户研究虽然先于设计，但并不意味着只能在探索、设计和开发阶段进行，它还涉及持续评估用户对产品或服务的满意度、收集用户反馈、发现用户使用中的问题等，以便持续迭代产品或服务，提升用户体验。

进行用户研究的团队，应当是一个多学科背景的团队，心理学、设计学、商学、技术工程、市场运营等背景的人员都应参与到用户研究的过程中来。利用观察、调查、实验等方法，获得用户在特定情境中使用产品或服务时的需求，形成一个完整的理解。

随着潜在用户、目标和使用情境的多样性的增加，产品或服务系统的复杂性也随之增加。这使得我们很难在初始阶段就形成对设计需求的完整理解，因此，不断进行迭代式的用户研究对开发阶段至关重要。

用户研究的方法既要包括定性研究，如拼贴画（Collage）、用户画像（Persona）、焦点小组（Focus Group）、原型（Prototype）等，也要包括定量研究，如问卷调查（Questionnaire）、眼动追踪（Eye-tracking）、现场测试（Field Testing）等，如图1-9所示。只有定性和定量研究相结合，研究的结果才是全面、客观的。依据所要开发的产品或服务的不同和开发的时间、预算限制等的不同，所用工具和方法也要有所不同，但要保证研究的受控性、严谨性、系统性、有效性、实证性和批判性。

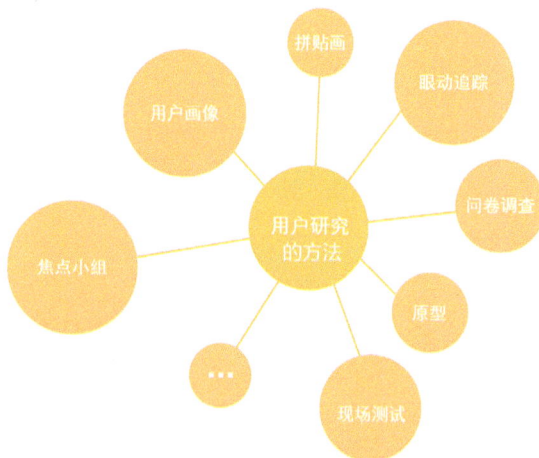

图1-9 用户研究的方法

第四节 用户研究途径

上一节提到，按照研究的模式分类，主要有两种研究类型：一种是定量研究，另一种是定性研究，如图1-10所示。针对不同的研究对象和研究目的，我们可以使用不同的方法。但是，定量研究和定性研究的方法不是孤立的。在用户研究过程中，利用定量研究和定性研究的方法所得到的结果是相互补充的。

一、定量研究

定量研究的方法是一种实证主义的研究方法，是一种自然科学的研究方法，是用数理统计的工具，分析可量化的行为数据，确定不同事物之间的因果关系。这种方法比较侧重于对数据的数量分析和统计计算。

定量研究比较适合于精确阐述某一问题，主要通过实验、问卷调查等方法研究某一现象。在研究中，对研究过程的客观性、严谨性和价值的中立性都提出了严格的要求，以保证研究结果的准确性。定量研究有一套规范化的操作流程，包括被试的抽样方法、量化数据的收集方法以及数理统

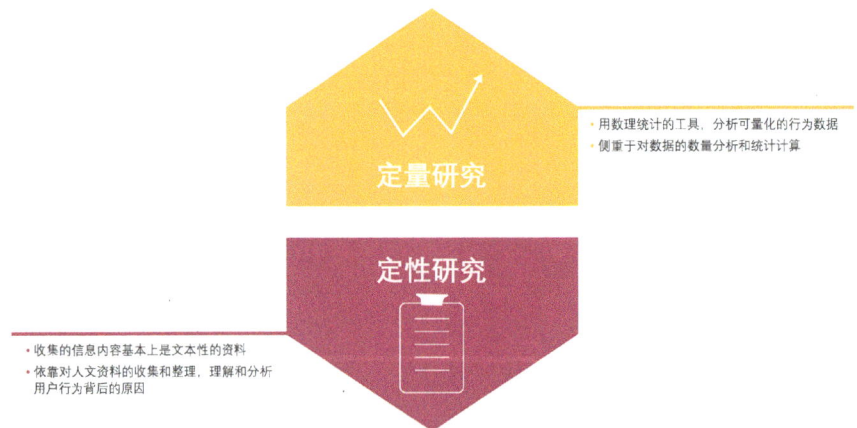

定量研究
- 用数理统计的工具，分析可量化的行为数据
- 侧重于对数据的数量分析和统计计算

定性研究
- 收集的信息内容基本上是文本性的资料
- 依靠对人文资料的收集和整理，理解和分析用户行为背后的原因

图1-10 定量研究与定性研究

计资料的收集方法等。其中，被试的抽样方法包括随机抽样、分层随机抽样、系统抽样和非随机抽样；量化数据的收集方法包括问卷法、观察法和实验法；数理统计资料的收集方法包括描述性统计和推断统计，如图1-11所示。定量研究的过程非常严谨，主要包括研究假设的提出、资料的收集、数据结果的统计与分析，以及结论的撰写。在研究假设的提出中，我们需要清晰地陈述需要验证的命题。一个好的研究假设可以成为研究的开端，我们可以从现有的理论中得到启发，也可以从工作的实践中获得启发，还可以从前人的研究或者个人兴趣中获得启发。在资料的收集中，我们需要根据研究问题的性质对被试进行筛选，选择具有代表性的被试群体。在数据结果的统计与分析中，我们需要以图表的形式将数据整理出来，并且配以一定的文字说明。在结论的撰写中，我们需要基于数据的支撑，对之前所做的假设进行评估，不能做过多的推论，真实客观地反映研究的结果。

定量研究

- 用数理统计的工具，分析可量化的行为数据
- 侧重于对数据的数量分析和统计计算

被试的抽样方法
- 随机抽样
- 分层随机抽样
- 系统抽样
- 非随机抽样

量化数据的收集方法
- 问卷法
- 观察法
- 实验法

数理统计资料的收集方法
- 描述性统计
- 推断统计

图1-11 定量研究

二、定性研究

定性研究的方法与定量研究的方法在研究的目的、依据、使用的方法和产出的形式上都有很大的不同。定量研究主要依靠数据统计与分析的方

法，确定不同事物之间的因果关系。定性研究用一种比较偏向于人本主义的研究方法进行信息收集，基于对研究对象一定程度上的理解，对信息进行整理和分析，理解和分析用户行为背后的原因。

定性研究比较适合实践性强的研究，因为定性研究的方法强调对社会现象的深入了解与分析，将关注点聚焦于所观察对象的本质，关注被试在特定情境下的行为背后的原因，得出关于行为表现的解释。定性研究过程中的设计研究方法、被试选择方法、资料收集方法、资料的整理与分析方法以及结论的撰写方法都与定量研究不同。定性研究遵循的是一种自然主义的研究原则，在被试最自然的情境下收集资料。在被试的选择中，我们需要根据研究的目的对被试进行抽样，每一个个体都可以为研究提供丰富的、真实的信息反馈。资料的收集方法主要有观察法、访谈法、档案法和文献分析法等，如图1-12所示。在定性研究中，资料的收集、整理与分析是交叉进行的。也就是说，每一次的观察或访谈收集的资料必须及时进行分类、编码与归档，这些整理过的资料会成为下一次收集资料的线索和依据，使下一次的资料收集更具有针对性和更加有效。另外，研究者需要详细了解信息内容，并且对信息的饱和程度做出预判。如果所收集的信息达到饱和，就可以暂停收集被试的信息，等到下次迭代时再进行补充。与定量研究的结论撰写相比，定性研究的结论撰写的开放程度更高，可以根据结论进行推论。

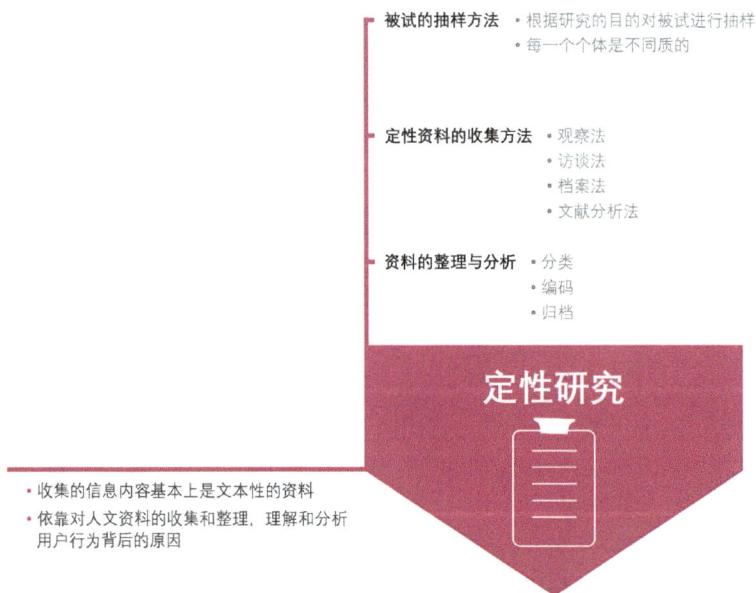

被试的抽样方法 · 根据研究的目的对被试进行抽样
· 每一个个体是不同质的

定性资料的收集方法 · 观察法
· 访谈法
· 档案法
· 文献分析法

资料的整理与分析 · 分类
· 编码
· 归档

定性研究

· 收集的信息内容基本上是文本性的资料
· 依靠对人文资料的收集和整理，理解和分析
用户行为背后的原因

图1-12 定性研究

在定性研究的方法中，研究者需要深入了解被试，听取被试内心的真实声音，挖掘行为背后的动机和触发点。在用户研究中，定性研究的结果可以应用于产品的更新与迭代中。

例如，在一项有关90后生活方式的研究项目中，研究者通过问卷的定量研究方法，得出了不同维度之间的相关关系。这些数据确实可以反映出90后生活方式的偏好趋势，但是这些数据却不能直接、有效地帮助我们分析出行为背后的具体原因。因此，该研究在后期利用了定性研究的方法，针对数据的结果，提取出关于90后生活方式的关键词和关键点，并依据这些关键词和关键点设置访谈提纲，进行深度用户访谈，找出90后具体的表现行为以及行为背后的原因。

从上面的案例中可以看出，我们可以用定性研究的方法收集深层次的信息。定性研究主要是回答"为什么"的问题。比如，用户为什么会在某个特定的情境中出现这样的行为？用户为什么会选择购买这个产品而不是其他？我们可以利用定性研究的方法去认识、发现行为背后的原因。另外，定性研究是在自然情境中进行的，可以针对被试所提到的某些细小的信息直接进行深度挖掘。这样可以高效地收集到更加详细的信息，也更加接近被试行为背后的真实原因。

三、定量研究和定性研究的选择

研究者采用哪种研究方法，主要取决于研究中需要解决的问题。在实际的研究中，研究者需要结合两种研究方法的优点，相互补充和借鉴，才能实现具体的研究目的。比如，有两个课题，一个是关于大学新生适应性情况的调查与研究，另一个是关于大学生外卖选择困难症的原因研究。对于第一个课题来说，如果使用定性研究的方法，可能需要对不同类型的大学生进行访谈和观察，所需要的人力、时间和精力是非常多的，这时候利用定量研究的方法可以更加高效地获得所需要的信息。对于第二个课题来说，我们可以通过定性研究的方法，如用访谈的方法找出大学生外卖选择困难的原因到底有哪些，其原因有什么共性等。所以，研究方法应该是为我们的研究目的服务的。进行用户研究需要保持开放的心态，在对研究的主题进行深入了解的基础上，针对不同的研究目标，选择合适的定量或定性研究的方法，开展课题研究。

每个研究都有不同的研究目的，对于定量和定性研究的方法，没有哪一种方法在本质上是最优的方法。另外，我们需要知道，不管定量研究还是定性研究，这两种研究的方法不是对立的。我们确定的研究问题的解决途径，会对所获得的研究结果产生很重要的影响。在实际的研究项目中，我们需要思考我们的研究目的，而不是仅在研究方法的约束下进行研究。在选择研究方法之前，我们需要考虑以下几个问题，如图1-13所示。第一，具体的研究目的是什么？第二，研究的关注点是什么？想深入研究的现象是什么？为什么会关注该研究现象？第三，前人是怎样研究这个问题的？第四，有研究技术或资源的支持吗？比如，研究的时长、研究的设备与资源、研究数据收集的可行性、研究工具等。第五，可以利用定量研究和定性研究的方法深入了解这个主题吗？第六，哪一种方法最适合本研究？对研究结果有没有预判和相应的假设？

在研究中，我们利用定性研究的方法去探求行为背后更加深入、本质的原因，利用定量研究的方法得到数据支持，并且研究变量之间的关系。有时候，在定性研究中，我们会发现自己需要哪些数据来补充支持我们的结论；在定量研究中，我们也会发现自己需要定性研究的信息来解释定量研究所获得的结果。

根据对研究目的的理解，选择一个合适的方法，以实现研究目的。

01 具体的研究目的是什么？

02 研究的关注点是什么？
想深入研究的现象是什么？
为什么会关注该研究现象？

03 前人是怎样研究这个问题的？

04 有研究技术或资源的支持吗？

05 可以利用定量研究和定性研究的方法深入了解这个主题吗？

06 哪一种方法最适合本研究？
对研究结果有没有预判和相应的假设？

图1-13 进行用户研究前需要考虑的问题

第五节　制订研究计划书

如果我们埋头苦干，拿着辛辛苦苦得到的成果后才发现一开始走错了方向，那么就需要从头再来。所以，什么才是正确的步骤？怎样做才能顺顺利利完成项目？这体现的就是计划的重要性。

一、什么是计划书

写论文前需要写开题报告、研究计划。在研究初期，我们同样需要一份计划书，说明每个阶段的工作和涉及的研究方法等。即便清楚地说明了工作内容、方法和流程，但不免会有一些让人怀疑的假设：用户研究是非结构化的；用户研究的结果是不可预知的；用户研究的结果是不确定的。这也是研究计划书区别于学术论文开题报告的地方。以心理学为例，心理学的研究论文大多是先有假设，基于假设设计验证方法，收集数据，然后分析结果。但是进行用户研究需要探索用户的特征、行为习惯、爱好特点和生活方式等，通过一定的方法归纳总结出一类群体的特点。这些很难预先做出假设，再通过数据分析验证假设。甚至有时候，我们需要利用长期的一对一追踪和用户日记等文字记录分析用户的特点。

因此项目计划书需要清晰地阐述项目成立的背景、研究意义与目的，说明阶段内容和方法、产出形式以及检验达标的指标，从而明确项目的利益相关方的责任和义务，增加项目的可行性，使研究结果更具价值。

一份详细的计划书能清楚地说明项目的前因后果，以及每个阶段的工作目标、预计时长、具体内容、方法和工具。"3W"：What，Why，How，也就是项目做什么，为什么要做，怎样做。做什么包含项目要达到的目标、想要实现什么、解决什么问题；为什么要做包含项目的研究目的和价值，以及潜在的未来趋势；怎样做包含如何实现这些目标，采用什么样的方法手段。以此来说明项目是可行的；项目是值得做的；团队是可信赖的。这也便于项目招募成员和商业推广。

二、计划书的基本结构

一份清晰明了的计划书的基本结构包括：项目标题、项目背景、意义及目标、项目产出、团队简介、研究内容与日程安排、预算、流程图。图1-14是研究计划书的基本结构。

（一）项目标题

标题需要简单易懂，不需要过多的修饰，它是为了说明项目是在做什么。拟标题时不要过于别出心裁，更不要在标题中使用缩略语。如果拟定后，标题过长或者有很明确的层级关系，可以考虑将其拆分成主标题和副标题，把相对概括的标题作为主标题，把副标题用于解释说明。

（二）项目背景、意义及目标

项目背景用来说明项目来源，阐述项目的甲乙双方简介、合作的契机以及共同的目标。项目意义用于说明甲方当前的产品或服务体系是什么状况、存在什么问题、有什么样的设想以及已经实现的技术水平。充分了解最新市场动向以及科技发展的近况、趋势和传统惯例，会有助于研究者洞察用户、预感世界的发展。项目目标是甲乙双方达成项目共识后，共同决定拟解决的问题，以便在验收阶段验证项目产出是否解决了研究问题，实现了研究目标。

（三）项目产出

项目产出主要用来说明研究问题是否解决和研究成果的展现形式等，如用户研究报告、交互准则、交互逻辑图、服务蓝图、交互界面设计及原型文件、设计规范。

某公司 ｜ 北京师范大学（BNU）

智能服务体验策略研究

-计划书-

一、项目背景
本项目是某公司与北京师范大学心理学部 UX 方向（BNUX）的合作……

二、项目意义
在人们更加重视服务品质、提高生活品质、改善生活方式的大背景下，科技如何更好地为用户服务，构建具备新体验价值的服务体系，精准服务于目标用户群……
1. 企业需求
2. 有年轻心态尝试新生活
3. 流畅的体验流程设计
……

三、项目目标
用户对于现状的痛点和使用习惯，以及用户对新型体验店的期待……

四、项目产出
1. 市场|用户需求调研报告
2. 交互准则
3. 交互逻辑图
……

五、BNUX 团队简介
依托北京师范大学强大的心理学科研背景，我校心理学部用户体验专业硕士项目以"实践教育"为理念，旨在打通心理、设计、交互科技、商业等相关学科，培养具备跨界知识背景和整合思维能力的实践型、复合型用户体验研究与设计专业人才……
1. 团队介绍
2. 成员组成
3. 成功案例

六、研究内容与日程安排
整体项目根据工作内容主要分为三个阶段：用户研究、策略制定、测试与评估。预计整体工作时长约为 120 个工作日。

图1-14 研究计划书的基本结构

（四）团队简介

团队简介包括团队背景、团队优势、成员组成、成员简介以及团队过往的成功案例介绍。

（五）研究内容与日程安排

这一部分用来说明在每个时间段内的产出，以及获得这个产出的过程中需要用到的方法或途径。具体来说可以分为：阶段及阶段细分、预计工作时长、具体研究内容和使用的方法与工具。计划书的阶段进展一般用表格的形式呈现，如表1-3所示。

表1-3　计划书的阶段进展

阶段及阶段细分		预计工作时长	具体研究内容	使用的方法与工具
阶段一：用户研究洞察阶段	市场调研和竞品分析	5	从市场定位、功能、呈现和交互维度了解竞品……	桌面调研/趋势分析
	用户洞察	15	用户行为研究、情境分析根据调研结果描述特征场景，洞察产品的机会点和问题点	用户观察/拼贴板/用户旅程/一对一访谈/焦点小组
	情景选择	15	根据机会点和问题点产出产品核心场景根据场景分析得出具体问题，获取核心功能或呈现内容	象限分析/功能分析
	设计概念或准则	20	根据阶段一的机会点和情境制定交互准则和交互流程	交互逻辑图/高保真原型

1. 阶段及阶段细分

为了实现研究目标和工作内容，将项目从时间维度划分成不同阶段，通常3~5个阶段即可，依据项目的复杂程度和总时长灵活调整。阶段细分是对阶段划分的具体说明，如表1-3计划书的阶段进展中，按照时间先后顺序说明每个阶段的工作计划。

2. 预计工作时长

依据细分的阶段工作计划和具体研究内容预计完成需要的时间。尽量以一周工作日为一个单位，也可以采用开始和结束日期的形式制表。

3. 具体研究内容

具体研究内容是根据阶段目标制定的研究维度，可以是通过统计分析得到用户的态度倾向、偏好等；也可以是通过相关文献报告、访谈、焦点小组、竞品分析等收集数据。

4. 使用的方法与工具

用简短的关键词表述核心信息即可，如桌面调研、问卷调查、行为观测、一对一访谈等。需要说明的是，表格中列出的信息是计划拟采用的方法及可能用到的工具，可以根据项目开展的实际情况进行调整。项目双方无须将表格中出现的方法和工具作为约束条件验收研究结果。

（六）预　算

项目成立之初，不论院校的经费支持，还是企业单位的支持，都需要有预算的分配清单，主要模块包括差旅费、物料费、专家费、印刷费、出版费、调研费、酬金、管理费、税费等。可以邀请项目带队的指导教师或公司的专人完成。

（七）流程图

以上的阶段说明一般需要配备一个图形时间表，说明每个阶段的工作大纲和产出，将整个说明进行可视化展示，有利于读者理解，如图1-15所示。

三、如何使用计划书

根据不同属性的项目，计划书有不同的用途，大致可以分为四类：项目推广、工作节点控制、团队分工和进度追踪。

（一）项目推广

项目招募成员要说服他人接受新项目，只依靠面对面交谈信息是不够的，还需要蓝本作为参考。一份完整的计划书，可以让他人了解项目的整体思路，这将大幅减少沟通成本。因此一份纸质的计划书就显得尤为重要。

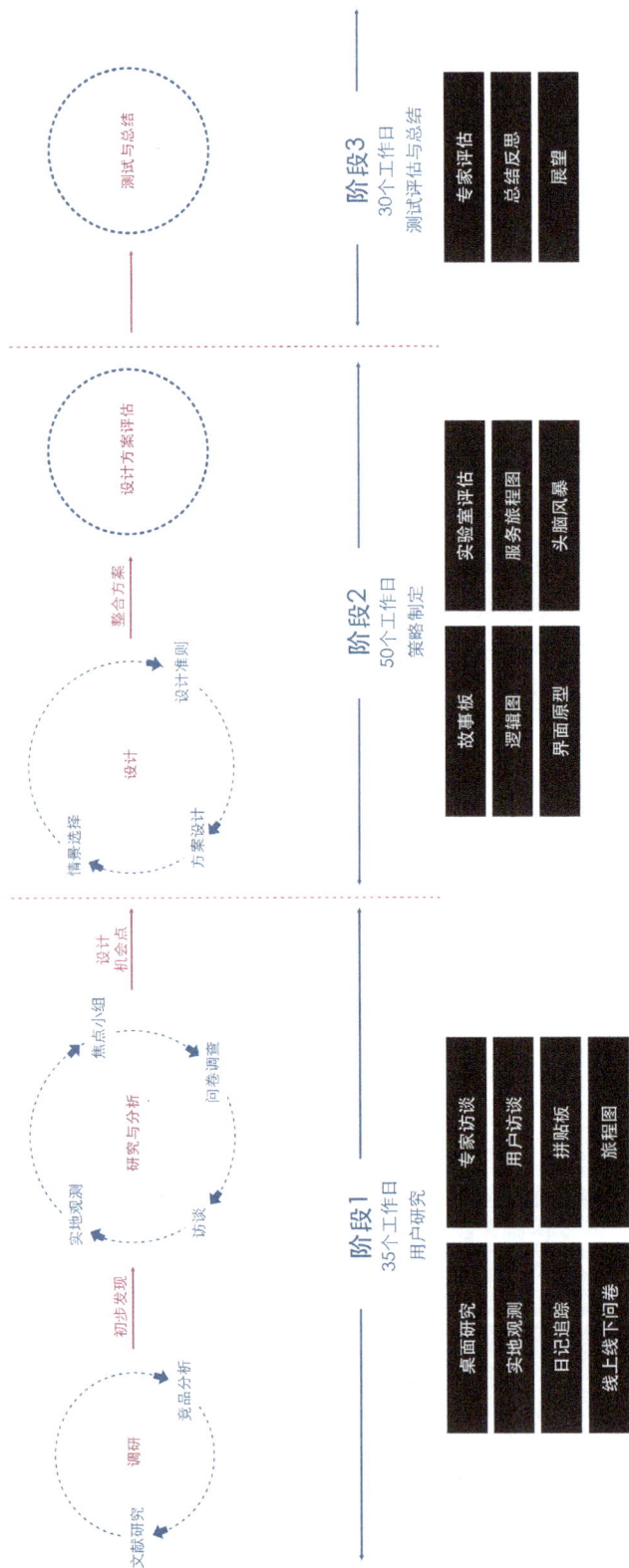

图1-15 项目流程图

（二）工作节点控制

项目计划书要非常明确地说明每个阶段的工作节点，通常依据工作的难度和体量设置团队的用人和用时计划，设置关键里程碑，并在每个里程碑的节点进行工作验收及下一阶段工作的调整。参与验收和工作调整的成员应由甲乙双方共同组成，达成一致意见。

（三）团队分工

项目启动后的每个阶段，都需要借助计划书指导整个团队安排任务和分工，同时便于项目管理员对成员进行责任的分配。

（四）进度追踪

项目分工之后，可以对照进度工作时间表进行比较，对项目及时做出调整，避免重大失误。进度追踪也方便项目组及时发现问题，及时与项目负责人或者项目督导联系，修正项目。

制订项目计划书是项目进展前组织各种材料并选择步骤方法的重要环节。该环节严谨有序，旨在定义研究项目的维度，需要研究者明确阐述研究的各项指标。基于可用的时间和资源，选择最适合实现目标的研究路径。需要注意的是，选择研究路径不仅要考虑预算，而且要重视人力成本、研究对象所处环境等条件，与团队成员以及其他利益相关者及时沟通确认工作进展，并探讨后续计划以便及时做出调整。

第六节　研究的基本流程

　　用户研究是为设计服务的。在设计的不同阶段，用户研究的目的不同：在设计前期了解用户的特征和行为，在设计过程中探索一个新的情境，也可以在设计结束后验证方案的可行性。虽然其内容、方法、过程并不完全相同，但大体上遵循以下8个步骤，如图1-16所示。

一、提出问题

　　在设计开发阶段前，用户研究更多的是探索性的，因为这时研究者对用户、情境等处于初步了解阶段，提出的问题较为宏观。例如，"我的目标用户群体有着怎样的生活方式""新增的一个功能是否会加重用户的认知负担"。在设计开发阶段的中后期，用户研究更多的是验证性的，提出的问题应当是具体的，应该避免提出像"我们的产品好用吗""产品上线之前还需要修改吗"这类无效问题。问题应当尽可能详细具体。例如，"该产品的用户欢迎界面的方案A好，还是方案B好""这样的交互方式是

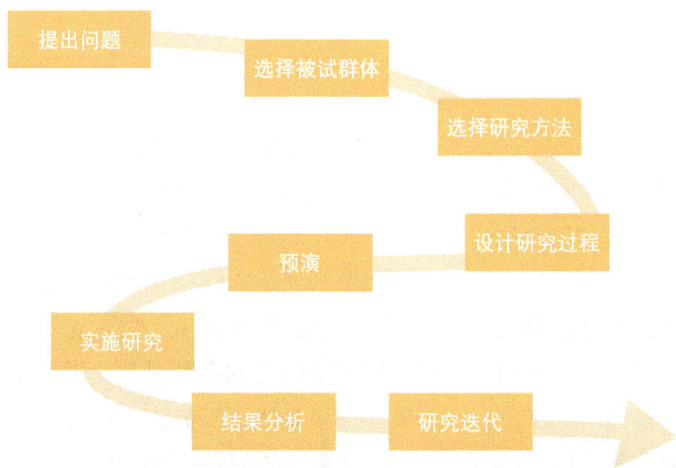

图1-16 研究的基本流程

否能让用户感到愉悦"。

提出的问题决定了研究的重点。如果在研究的过程中不断产生新的问题，那么这时研究者应当停下来思考：这些是不是一开始忽略了的问题？如果是，那么就将它加入问题列表；如果它只是有趣但并非相关的问题，那么就将其记录下来以后再研究。

二、选择被试群体

被试应该是研究问题所面对的典型用户，他们不一定是最广泛的用户群体，却是具有代表性的研究对象。大多数的情况下可以通过随机抽样来选取被试，但有时候也可以是某个特殊的群体，如重度用户、长期用户、新用户或者潜在用户。选择何种用户作为被试，要依据目标用户而定。例如，某产品的新用户上手有难度，于是增加了一个新手引导。为了测试这个新手引导是否真正能够起到应有的作用，需要寻找新手用户作为被试。

在定义研究问题的同时，要考虑什么样的用户会出现这种问题。这样，一旦定义好了研究问题，被试群体所具备的特征也就逐渐清晰了。

三、选择研究方法

在确定为什么要进行研究、研究什么、研究谁之后，需要确定使用的研究方法。其实这是个难题，因为要在大量的方法中选出最合适的方法。除了考虑资金问题以外，还需要反思这样一些问题：我的研究需要线上进行还是线下进行？我需要定性还是定量的结果？有没有什么自动化工具可以帮助我？这显然取决于产品处于设计的哪个阶段。在项目早期阶段，线上问卷能够快速收集大量数据并获得定量结果。

如果需要深入的洞察，那么需要运用更深入的访谈、观察等定性研究方法。

四、设计研究过程

确定了研究方法，下一步便是确定研究过程的所有细节。比如，问卷中问题的顺序、表达方式，问卷的发放周期，访谈地点和时间安排，焦点小组的工具包制作和被试的筛选等。好的用户研究并不是直接问"你想要什么"，而是通过一系列的问题逐步深入得到真实回答。例如，想知道顾客为什么喜欢一家咖啡店，主试者不能这样直接地发问，而是间接地询问："这家店的什么方面让你印象深刻？"

五、预 演

正式开始研究之前，一两次预演可以帮助研究者发现并改进很多的问题。可以邀请专家做预演中的被试，专家提出的建议可以帮助研究者发现研究方法设计的缺陷，然后做出调整，改变措辞，调换顺序，或是补充一些额外的问题来进行深入挖掘，以便让研究变得有条理。

六、实施研究

预演往往需要开展多次以验证方案的可行性，保障正式研究的效果。完成预演，确定研究方案可行后，方能开展正式研究。不论在线发放问卷，还是街头采访路人，或是邀请被试进行一对一的用户访谈，要预留足够的时间和资源来保证研究的顺利进行，以便得到可靠的结果。如果是线下研究，如焦点小组、用户访谈，那么要安排好每一场的时间，同时每场之间要留出时间供研究者进行反思和讨论。

七、结果分析

结果分析进行得越早越好。主试者对实施过程的印象越清晰，整理出来的结果越详细。研究者将结果汇总、整理后，形成一份研究报告。根据所用方法的不同，研究报告的形式也略有不同，但不论其形式如何，要确保读者可以清楚地了解到研究的目的、方法、过程和结果。这部分工作需要大量的时间，但这可以帮助研究者更好地总结、概括整个研究。

如果运用问卷这类定量方法，那么直接对数据结果进行分析即可；如果运用焦点小组访谈或一对一访谈，那么还涉及将录音进行翻录、转录、提取和分类等工作。需要注意的是，定量研究中的结果分析与结论不同。结果分析是基于数据的描述统计，不包括预测、推断及对原因和动机的探索。结论是与研究问题的假设相对应，阐述研究结果是否回答了研究问题或验证了假设。

被试的正面反馈和负面反馈都应当被关注。通过正面反馈，研究者往往会探寻到与设想不同的产品亮点。例如，微信朋友圈界面右上方的"照相机"，长按可以发送纯文本内容到朋友圈。这个功能本是过渡功能，但经过大量内测后将这个功能保留了下来。被试的负面反馈可以帮助研究者迅速地找到待改进的方面进行评估。

若研究是验证性的，在最后要为每个发现的问题添加一个重要级别，并预估完善它们所需的工作量，这将帮助团队在接下来的迭代中更好地按优先级处理它们。

八、研究迭代

上述工作全部完成后，研究者便开始着手进行改进，但并不是说用户研究完全结束了。相反，在后续工作中，用户研究应当随时进行。

以用户为中心的设计是一个不断迭代的过程。研究者需要分析使用情境和特殊需求，设计解决方案，与用户一起评估解决方案。如果发现方案无法很好地解决问题，那么需要继续迭代方案，边研究边设计。

第七节　撰写研究报告

一般来说，研究的最后一个阶段是撰写研究报告。研究报告描述整个研究的过程以及展示研究结果，起到整理和总结的作用。它不仅是向委托方展示研究结果的重要手段，而且有助于对研究进行评估和自查。委托方或读者通过最终的研究报告来了解研究的结论。因此，一份优质的研究报告能增强整体研究的说服力。图1-17为研究报告的基本内容。

撰写研究报告之前，我们可以先拟写一份大纲，包括研究报告中所需要涵盖的标题和每个标题下的重点内容。编写大纲不仅可以帮助我们了解报告的整体思路，分清层次，明确重点，而且可以帮助我们检查不同部分之间的逻辑关系，判断每一部分在报告中所占的篇幅与地位是否相符，评估每个部分是否为报告所需要、是否相互配合，有利于及时调整报告的结构与内容。

另外，在撰写研究报告的过程中，我们的思维处于活跃状态，常常会产生新的联想或观点。如果不编写大纲，我们很有可能会被各种想法干扰，不得不重新思考，甚至推翻已写的内容重新编写。这样不仅会增加工作量，而且会极大影响写作情绪。因此，大纲就像工程蓝图，只有在撰写报告前考虑周到，才能形成层次清晰、逻辑严密的框架，从而避免很多不必要的返工。

拟定大纲时，有以下几点需要注意：第一，从全局的角度出发去审核每个部分在报告中的地位，以此来确定各个部分的分配比例是否合理、篇幅长度是否合适，各个部分是否能为研究问题服务；第二，需要牢记报告中的材料是为研究问题服务的，因此应从研究问题的角度出发决定材料的取舍，舍弃与研究问题无关或关系不大的材料；第三，充分考虑各个部分之间的逻辑关系，各个部分需要相互配合，共同为论证研究问题服务。

研究报告的基本内容

研究背景
包括该研究领域的介绍及发展趋势、国内外研究现状、研究的目的，以及该研究的理论与实践意义等

研究问题
包括研究问题是什么，提出该研究问题的原因，针对该研究问题的前人研究成果、研究假设等

研究方法
包括描述研究工具、被试选取标准、被试数量、被试基本信息、研究流程

数据分析与结果
包括描述数据收集的情况、数据统计与分析的方法以及数据分析的结果等

研究结论
包括阐述通过数据分析的结果得出的研究结论，得出该研究结论的原因和依据等

参考文献
报告的撰写需要参考一定的资料，因此我们需要撰写参考文献，本节主要介绍APA参考文献引用格式

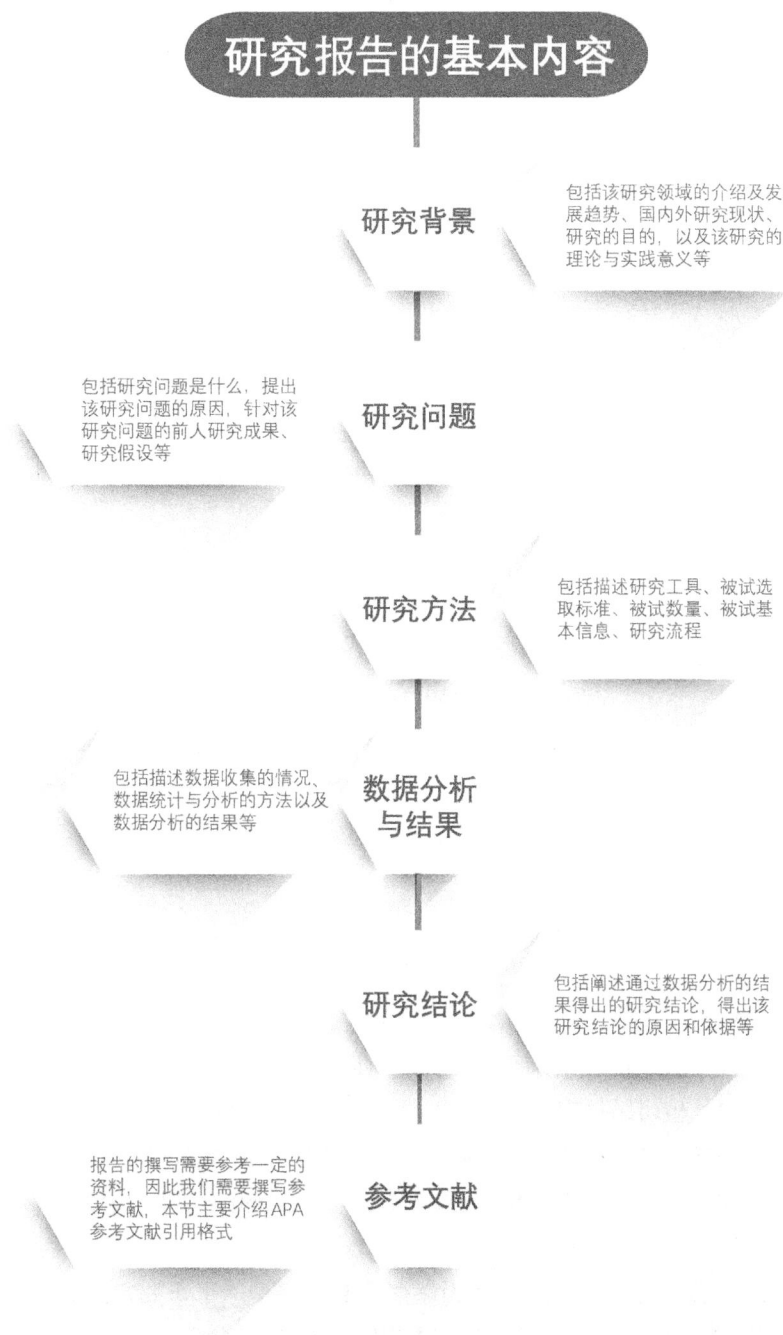

图1-17 研究报告的基本内容

一、研究背景

研究背景是研究报告的开篇，是要告诉读者这项研究是非常有意义的，会得出非常有用的结果。如果研究背景写得好，可以激发读者阅读这份报告的好奇心，增加读者继续阅读报告的欲望。研究背景说明启动该研究的原因，包括该研究领域的介绍及发展趋势、国内外研究现状等，主要探讨该研究的目的，以及其理论意义与实践意义等。

二、研究问题

研究的主题确立后，研究人员就确立了该研究的最终目的。如何一步一步实现最终目的，需要设置阶段性的研究问题去引导。研究问题是帮助研究人员将研究主题进行拆解和细化的工具。研究问题一旦确立，研究的基本框架也就构建起来了。

例如，对于"新手司机的汽车导航用户体验设计"这个研究来说，可以将以下四点作为研究问题：①汽车导航的现状是什么？②新手司机对汽车导航有哪些痛点和需求？③汽车导航设计中的机会点有哪些？④如何通过交互设计将机会点转化为有用的设计以优化导航使用过程中的体验？

提出问题的时候，需要注意以下三个原则：①与研究主题密切相关；②把握研究问题之间的逻辑关系；③研究问题必须具有可行性，即可以通过一系列的研究方法得出结论。

三、研究方法

研究方法是体现研究科学有效的重要部分。在这个部分，首先，我们需要阐述研究中所使用的研究工具，可以是定性研究的工具，如访谈法、观察法等，也可以是定量研究的工具，如问卷法、实验法等。其次，我们需要详细描述被试选取标准、被试数量以及被试基本信息等。最后，我们需要描述研究流程，包括准备的材料、指导语、操作过程、需要记录和收集的信息等。

需要强调的是，研究方法固然很重要，但是除了研究方法的撰写之外，严谨的思维也起着至关重要的作用。我们应该将研究的逻辑在研究报告中清晰地体现出来。

四、数据分析与结果

研究中的数据不仅仅是指定量数据，还有文字资料等定性数据。数据的统计分析过程对研究的信度和效度有着重要影响。信度是指测量出来的数据的可靠程度。效度是指测量工具准确测量出所要测量的事物的程度。科学、严谨的统计分析过程会提高研究结论的有效性，使得研究结论更具有说服力。在这个部分，首先，我们需要描述数据收集的情况、数据统计与分析的方法以及数据分析的结果。定量数据可以通过问卷、仪器测量等方法进行收集，定性数据可以通过访谈、观察等方法进行获取。另外，我们应该考虑如何让读者能够更加直观地看到我们的研究发现。数据分析的结果以图表的形式呈现，再结合一定的文字描述，会让研究内容变得更加可视化，让读者更容易理解。我们要尽可能地根据不同的研究内容，选用合适的图表呈现形式。其次，在呈现了数据分析的结果，为读者提供一定的数据证据和图表证据之后，我们还需要向读者解释我们的数据分析的结果说明了什么。

五、研究结论

在这个部分，我们需要向读者阐述通过数据分析的结果得出的研究结论以及得出该研究结论的原因和依据等。另外，我们还需要讨论该研究结论与前人研究成果之间的关系。该研究结论有可能支持前人研究成果，也可能与前人研究成果相悖，我们应该对研究结论做出一定的解释。最后，描述该研究结论的应用价值、启发及研究的未来展望。

六、参考文献

在撰写研究报告时，必定会参考一定的资料，因此我们需要撰写参考文献。参考文献可以是书籍、学术论文、期刊等。撰写参考文献是有一定规则的，社会科学领域中有一些常用的参考文献书写标准，如APA格式（The American Psychology Association System）、哈佛系统规范（The Harvard System）、美国现代语言学会规范（The American Modern Languages Association System）等。下面详细介绍最常用的一种参考文献书写标准：APA格式。APA格式是由美国权威的心理学学者组织美国心理学会制定的，主要包括文中文献引用和文后参考文献列举两个部分，常应用于心理学、教育学、社会科学领域的论文写作。

文中文献引用格式，也就是在文中引用文献资源所用的格式，需要写出引用文献的作者姓名及年份，如图1-18所示。

刘伟（2015）在研究中提到，促进人们利用肢体动作、声音、眼动等方式与周围环境互动的体

作者姓名　年份　　　　　　　　　　文章中的总结或概述

感交互设计逐渐改变人们的生活方式。

图1-18 文中文献引用格式

文后参考文献列举格式，也就是在整个研究报告的最后，我们需要附上参考文献列表，需要根据字母顺序，将所引用的资源列出。针对期刊文章，我们引注参考文献的顺序是作者姓名、年份、文章名、期刊名、期刊号、页数。当期刊文章只有一个作者时，参考文献引注如图1-19所示。

刘伟. (2015). 交互品质在创新设计研究中的应用途径. 包装工程(8), 14-21.

作者姓名　年份　　　　　　文章名　　　　　　期刊名　期刊号　页数

图1-19 一个作者的参考文献引注

当期刊文章有两个或两个以上的作者时，参考文献引注如图1-20所示。

刘伟, 李华, 赵菁, 郭琳. (2015). 迭代式体感交互设计方法的应用研究. 包装工程(22), 17-21.

作者姓名　　　　年份　　　　　文章名　　　　　期刊名　期刊号　页数

图1-20 两个及两个以上作者的参考文献引注

针对书籍中的文章，我们引注参考文献的顺序是作者姓名、年份、书名和出版社，如图1-21所示。

刘伟. (2013). 走进交互设计. 中国建筑工业出版社.

作者姓名　年份　　书名　　　　出版社

图1-21 书籍参考文献引注

七、其　他

撰写研究报告时，建议将研究发现和得出的研究结论与以往的相关文献结合起来。得出的研究结论与以往的文献结合得越紧密，也就是说，本次研究得出的研究结论越能够用以往文献中有效的理论进行解释，那么研

究结论的可信度就会越高。

撰写研究报告是研究过程中非常重要的一部分，因为这是向上级或甲方汇报工作成果的方法之一。撰写研究报告的形式是多种多样的，我们需要根据目的和内容来确定合适的撰写形式，将研究思路与结果清楚地表达出来。另外，具体的撰写过程是非常严谨的，需要厘清研究的背景和目的，研究的变量和假设，研究的过程、结果和结论，对未来的展望以及文献资料的支持等内容。

总　结

本章以全局性用户体验思维和基于用户洞察的体验思维为基础，探讨了什么是用户研究以及如何进行用户研究，从服务生态、服务构架和设计方案的全局性角度，平衡用户和企业的关系，明确目标用户群体，确定用户使用产品的情境和需求，进行产品定位。在用户研究中，我们需要根据用户研究的目的撰写研究计划书，确定用户研究的基本流程，并且在用户研究的每一个阶段使用合适的定量研究和定性研究的方法进行研究，最后撰写一份合格的用户研究报告。

上一章介绍了用户研究的相关概念，同时也说明了用户研究需要将定量研究与定性研究结合起来使用。本章将用户研究流程中常用的21种方法依次展开介绍，分别为桌面调研、用户访谈、拼贴板、思维导图、影子观察、日记研究、问卷调查、焦点小组、用户画像、角色扮演、旅程图、故事板、头脑风暴、WWWWWH、HMW、象限分析、SWOT分析、快速原型、原型测试、视频故事和商业模式图。

另外，方法学习的过程中需要注意两个方面：第一，无论流程还是方法都不是绝对的，如用户访谈，可以用在桌面调研后对用户形成初步了解，也可以在问卷调查后进行深度挖掘，要针对不同的项目、情境的研究目标选择最合适的流程和方法；第二，方法不能保证绝对的成果，方法作为一种工具可以帮助我们厘清思路，在使用过程中也需要有批判思想和反思意识。

图2-1列举了用户研究的发现、探索、设计和表现阶段常使用的方法，并按照对信息的处理方式分为两种：信息获取和信息整理。相关方法在项目中的实践应用可参考本书第五章的教学实践，以便快速、灵活掌握。

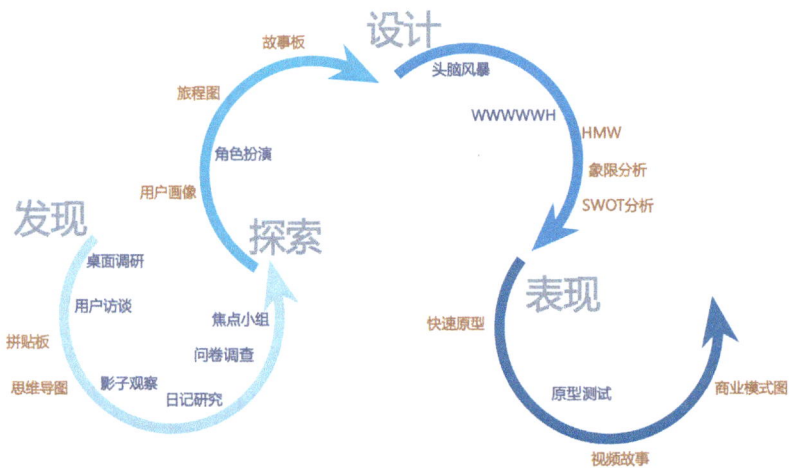

图2-1 用户研究方法

第一节　桌面调研

桌面调研（Desk Research）是通过互联网、书籍等查阅他人发布的研究结果的数据、官方发布的白皮书、媒体数据等资料进行分析。

需要准备的材料：计算机、书籍、思维导图制作软件等。

一、桌面调研的使用方法

桌面调研在项目中可以随时进行，可以对各个阶段的研究进行补充，尤其是在项目开始前期。研究者通过桌面调研了解行业现状、文化环境、技术变革、法律政策以及进行竞品分析等，可以更加清楚地理解项目，为后期的深入研究和设计打下基础。

桌面调研的作用是帮助研究者对项目有更深入的认识，基于这些认识推动项目进展，而不是直接使用现有资料来为项目进展中的阶段性成果下结论。因此要首先确定桌面调研的任务，进而细化成多个小任务依次展开调研，最后需要对这些资料进行汇总梳理。

桌面调研的资料应该包括以下内容：一是内部资料，包括产品的市场规划、品牌策略、已有的市场研究、用户研究数据、技术数据、销售数据等；二是行业报告，即专业的调研公司或相关政府部门每年对该行业的调研报告；三是网络搜索，如用户论坛、微博、社会反馈、竞品分析等。

收集到上述资料后，我们需要对其进行分析梳理，并将结果以可视化的形式整理成文件，同时阐明对项目的认识并预测项目的发展走向。

二、桌面调研的注意事项

第一，注重权威性。桌面调研的数据要表明准确的数据来源，越是有权威的机构发布的数据越可以保证桌面调研分析结果的可信度，也是对项目后期准确设计定位的保证。ACM与SCI网站都是权威性较高的专业学术网站，提供了最新的研究成果和大量的文献资源。

　　第二，注重全面性。桌面调研数据应该包括广度和深度两个维度。因为桌面调研对项目后期进展起到指导性的作用，桌面调研数据的广度影响调研结果的完整性，桌面调研数据的深度影响调研结果的准确性。

三、桌面调研的局限性

　　桌面调研对于项目的开展非常重要，但是如果想让研究结果具有说服力，仅仅依靠桌面调研还不够，我们需要实地观察和分析用户的使用情境和产品的使用情况。桌面调研结果只能作为最初的理论基础，随着研究的继续，桌面调研需要不断地为项目进行知识补充。

第二节　用户访谈

　　用户访谈是研究者与受访者面对面进行沟通的过程，如图2-2所示。用户访谈能帮助研究者更好地理解用户对产品或服务的认知、意见、行为动机和行为方式。研究者也可以通过专家访谈收集相关信息。

　　需要准备的材料：访谈大纲；零食和水；录音设备；录像设备；一个较为开阔、安静、轻松的环境；访谈过程中可能用到的工具，即访谈过程中会给用户看的内容或组织用户进行的活动，如用户旅程图、视频、拼贴画等，一般由研究团队进行设计。

一、用户访谈的使用方法

　　用户访谈能够深入洞察的内容包括两个方面：一是用户在接受访谈时透露出的习惯、爱好，以及在表述过程中情绪的变化，有利于建立同理

图2-2 访谈场景

心，理解用户。二是在访谈中发现的特殊现象和极端情形，即在用户的日常生活中很少会发生的情形，在访谈中可以进行深度的挖掘。

为了实现不同的目的，用户研究的不同阶段均可使用用户访谈的方法。在研究初期，访谈能帮助研究者获得用户对现有产品或现象的看法、评价和喜好，并且能够了解用户产生这些观点背后的原因和动机，从而挖掘用户痛点及真实需求。在研究中期，即产品和服务的概念设计阶段，访谈也能用于测试原型方案，以得到详细的用户反馈，有助于设计师进行方案优化。相对于焦点小组方法（详见本章第八节），用户访谈能更深入并且全面地挖掘信息，在此过程中研究者还能够就受访者给出的答案进行追问，从而得到更多有用的信息。

一个完整的访谈主要包括 6 个流程：①制定访谈大纲；②测试访谈大纲；③选择访谈对象，并征求其同意后在采访时录音、录像；④实施访谈，并录音、录像；⑤转录；⑥分析所得结果并归纳总结。

在访谈之前，研究者需要拟写一份在访谈过程中能确保覆盖所有相关问题的访谈大纲。访谈大纲要结构严谨，将每一个需要问的问题都提前设置好，并明确每一个问题的目的。图2-3的结构化访谈大纲呈现了已经编写好的每个问题。在访谈的时候，主试可以根据访谈大纲进行提问，以确保不会遗漏任何一个问题。此外，研究者可以根据受访者的回答自由组织半结构化访谈大纲，如表2-1所示。半结构化访谈大纲需要聚焦在某几个关键点上来自由组织，可以根据用户的回答来进行发散和延展，做有针对性的深度挖掘；如果在挖掘的时候提到了其他的关键点，可以直接转换方向，根据用户

序号	问题内容	追问
1	您健身多长时间了	
2	健身是出于什么目的？	
3	大概一周会去健身房几次？	
4	有找过私人教练吗？	找过。——找了多长时间？ 没找过。——有意向找吗？为什么不找？
5	您认为私人教练有什么帮助呢？	
6	有私人教练的健身者与没有私人教练的健身者有什么差别吗？	
7	您从开始健身到现在健身的目的达到了吗？	达到了。——这中间您遇到哪些困难？ 没有达到。——您认为没有达到的原因是什么？
8	时间/空间上有没有什么困难？	
9	短时间看不到效果，会有什么影响？	
10	找私人教练会不会更容易达成目标？	
11	您在健身的过程中如何体会到身体的变化？	
12	如果在健身一段时间后没有感觉到变化，会怎么办？	
13	如果健身一段时间没有感觉到身体有变化，会不会产生什么情绪？	

图2-3 结构化访谈大纲示例

的回答灵活应变。在形成访谈大纲后，研究者需要在正式访谈之前做预访谈，在预访谈过程中能够发现大纲中存在的问题或忽略的关注点，针对这些发现再对访谈大纲进行完善。访谈至少需要两名访谈者，一位进行访谈，另一位记录访谈中提到的重点并且录音拍照。

单次访谈的时长通常为30～60分。访谈过程中可能需要使用已开发的产品，因此需要提前准备好相关的资料或者产品。用户的数量取决于研究者是否已经得到可以定性的信息。如果研究者认为当前的访谈已难以得出与之前不同的信息，那么可以停止访谈。研究表明，在评估消费者需求的访谈中，10～15次访谈能够反映80%的需求。访谈结束后需要对现有的语音资料进行逐字转录，这是非常关键的一个步骤，为之后的信息提取打下基础。另外，研究者还要对这些转录的信息进行归类分析，提取有用的信息。

表2-1　半结构化访谈大纲

主题	话题	问题	追问	目的
消费	网红店	你去过网红店吗？为什么？	什么吸引/阻止了你去网红店消费？ 影响你选择一家店铺的因素有哪些？ 两家店的价格和网友评价相似时，你倾向于非网红店还是网红店？为什么？	深入了解用户的消费习惯和偏好，并了解背后对于品牌溢价的接受程度和考虑因素。
	情怀	你认为你做的哪些事有情怀？ 你会为哪些物品/内容消费？为什么？	买了会不会用？ 为什么不用也买？	了解目标用户情怀消费的行为方式及其背后的原因。
仪式感	仪式感	在日常生活中有哪些需要仪式感的事？	为什么需要？ 仪式感给你的生活带来了什么？	了解目标用户产生仪式感的方式及其背后的原因。
	步骤	在你的生活中有哪些事会让你比较严格地按照一个固定步骤去做？	请简要描述从准备到烹饪的整个过程中你会严格地按照菜谱一步一步做吗？为什么？	深入了解目标用户日常习惯中遵循步骤的情景，得到满足这一行为的方式及其背后的原因。
	准备	平时有锻炼身体的习惯吗？通过什么方式？为什么？	有去过健身房的经历吗？为什么？	深入了解目标用户日常习惯中充足准备的情景，得到满足这一行为的方式及其背后的原因。
压力调节	住所	你有没有亲自布置房间的经历？能具体描述一下吗？	能给你带来什么？为什么？	了解什么样的环境和因素能为目标用户营造出个人空间。
	压力	最近压力大吗？ 主要是因为什么？ 你又是如何调节自己的？	为什么这类方式对你而言更加有效？	探查目标用户调节压力的方式及其背后的原因。
	个人空间	不认路的时候会问陌生人吗？ 你需要个人空间吗？为什么？ 会做什么？ 一般会是在哪里？ 为什么是这里？	对于你来说，一个完美的个人空间应该具备哪些条件？为什么？	了解什么样的环境和因素能为目标用户营造出个人空间。
	宠物	你喜欢宠物吗？哪种宠物？ 平时都是如何与宠物互动的？ 如果不喜欢，原因是什么？	在互动过程中，你的感受是什么？ 能给你带来什么？为什么？	与宠物互动的方式及背后的原因/目的。

二、用户访谈的注意事项

① 访谈时，主试者和受访者尽量不要面对面。

② 在访谈的过程中，如果受访者叙述的内容与项目无关，主试者及时将话题引导回来。

③ 为了能够挖掘到更多的信息，主试者要不停地进行追问，尤其是在受访者提到和项目有关的信息时。

④ 主试者要注意措辞，即使追问也不能有咄咄逼人的感觉，避免让受访者产生压迫感。

⑤ 在受访者阐述的时候，主试者尽量不要打断受访者，即使打断也需要采用委婉的方式。

⑥ 最重要的话题放在最后进行提问。主试者需要事先合理分配各类话题的时间，确保有足够的时间留给最后几个最重要的话题。

⑦ 如果需要使用视觉材料，如概念设计图，主试者需要保证效果图的质量。

⑧ 确定受访者是否理解设计图以及根据设计图提出的问题。让受访者先提问，在解决了受访者提出的所有问题之后，主试者再开始访谈的内容。

⑨ 访谈需要在一个轻松但不会分散彼此注意力的氛围中进行，主试者可以根据需要提供一些零食及饮品。

⑩ 主试者要用普通简单的问题开场，如现有产品的使用和体验等，不要直接提及和本设计相关的内容，让受访者循序渐进地进入情境。

三、用户访谈的局限性

受访者可能会通过自己的直觉回答访谈问题。研究者需要通过其他启发手段挖掘隐藏在背后的原因，如在访谈中，通过图像或其他刺激材料激发受访者深入表达的动机。

访谈结果的质量取决于主试者的访谈技巧。因此在平时的访谈中，主试者需要积累经验技巧，从而能够更好地进行下一次访谈。

访谈的耗时较长，不能大规模取样，并且访谈获得的只是定性结果。如果要取得定量分析的数据，需要配合使用问卷法。

第三节　拼贴板

拼贴板是指用视觉的表现形式展现产品的使用情境、目标用户群体、产品种类等。如图2-4所示，拼贴板可以帮助我们快速理解项目、定位目标群体、完善视觉化的设计标准、从情境中发现痛点。

需要准备的材料：A2以上的纸（数量视具体分组而定）、多图的杂志或报纸（建议彩色和题材多样）、彩色画笔、胶棒、剪刀等。

一、拼贴板的使用方法

拼贴板经常在项目初始阶段使用，用来寻找和确定用户群体及使用情境。在制作拼贴板的过程中，从寻找图片开始，我们就可以通过判断图片是否适用于主题而逐渐获取项目和设计的灵感，在团队讨论和制作时逐渐扩展和确定项目思路。

使用拼贴板前要确定使用目的。在用户研究中，使用拼贴板的目的一

图2-4　拼贴板示例

般来说包括确定目标群体及特点、确定目标群体的生活方式、补充用户体验的设计准则、激发产品设计灵感等。

拼贴板的制作有以下几个步骤。

第一，选择合适的材料（2D或3D的都可使用），尽可能地找多图的杂志或者报纸。

第二，建议限定制作时间为30分，2～5人一组为宜。

第三，从准备好的杂志或者报纸上寻找图片，剪下粘贴到A2纸上。

第四，可以将类似或有关系的图片粘贴到一起，贴满A2纸。

第五，使用彩色笔对粘贴的图片进行连接、划区、标记、补充等。

图2-5为拼贴板的制作过程。拼贴板完成后需要进行分析，如果是多组同时进行的，各组之间可以相互进行讲解，以便于补充和总结；还可以像图2-6一样，对多组拼贴画进行连线整理分析。之后再整理拼贴板中产生的灵感、关键词、情境等，这个时候可以使用思维导图工具辅助进行整理。

二、拼贴板的注意事项

第一，准备的杂志或报纸需要注意图片的多样性。例如，要分析目标用户群体的生活习惯时，为了避免限制思维，可以挑选没有目标消费群体出现的各种出版物。

第二，多人一起贴一张拼贴板的过程中不可相互限制，要相互补充配合。

第三，根据需求灵活运用图片，或者使用彩笔画出、写出拼贴板的制作过程中产生的灵感。

第四，拼贴板的用途是多样的。在用户研究中，其使用多是为了解用户，也可以用于在设计过程中寻找灵感。

三、拼贴板的局限性

拼贴板是一种偏感性的研究方法。每个人的想法可能都不同，所以做出来的结果也不同，因此拼贴板的结果具有不确定性。

在拼贴板的制作过程中，拼贴材料是启发思维的工具，但材料的选择也可能限制思路。

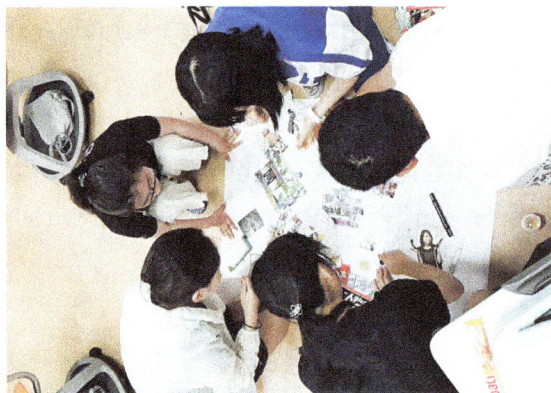

图2-5 拼贴板制作

图2-6 拼贴板分析

第四节　思维导图

思维导图是一种视觉表达形式，展示了围绕同一主题的发散思维与创意之间的相互联系。

需要准备的材料：白纸或者手绘板，不同粗细、不同颜色的马克笔，不同粗细的铅笔，多图的杂志或报纸（选用）。

一、思维导图的使用方法

思维导图是一个引导研究者发散思维的较好手段。围绕一个中心主题，思维导图中的几个主要枝干可以是不同的相关因素。每个主干皆有若干分支，用于陈述该主题的优势与劣势。此外，通过思维导图，研究者能将围绕某一主题的所有相关因素和想法视觉化，从而将对该主题的分析清晰地结构化，直观并完整地呈现出来，对于定义该主题的主要因素与次要因素十分有用。

思维导图可以用于设计流程的不同阶段，但是研究者通常将其用于产生创意的起始阶段。一个简单的思维导图能启发研究者找到解决问题的思路，然后找到各思路之间的联系并分析问题，在这个过程中能够不受限制地将想到的所有内容都记录下来。除此之外，思维导图还有其他用途。例如，在进行小组作业时，每人先独自完成自己的思维导图，然后再集中讨论、分析。

思维导图的制作流程主要包括以下几个步骤。

第一，将主题的名称或描述写在空白纸的中央，并将其圈起来。

第二，对该主题的每个方面进行头脑风暴，绘制从中心向外发散的线条并将自己的想法置于不同的线条上。

第三，根据需要在主线上增加分支。

第四，用颜色、线条粗细、形状等来表现思维导图中需要重点突出的部分。例如，用不同的颜色标记几条思维主干；用圆形标记关键词语或者出现概率较高的想法；用线条连接相似的想法等。

第五，研究思维导图，从中找出各个想法之间的关系。

二、思维导图的注意事项

目前市场上有许多绘制思维导图的软件或在线工具，研究者可以根据个人习惯手绘或利用软件绘制。手绘更能实现手与脑的一致性，在训练初期推荐使用手绘。软件或即成工具提供了绘制上的便利，更利于输出。

利用图形、色彩、照片等可以将思维导图绘制得更加美观。

设计过程中可以在已绘制的思维导图上不停地添加元素和想法。

注意区分不同类型的元素，并为不同元素之间预留空间。

使用简短的语言描述想法，切忌烦冗表述。

三、思维导图的局限性

思维导图是对主题的主观看法，本质上只是个人脑海中的思考路径。

此方法在研究者独立作业时十分有效，也适用于小型团队作业。但是一个团队共同完成一个思维导图时，要在思维导图中加上一些注释，以便团队中的其他成员理解思维导图想要表达的内容。

第五节 影子观察

影子观察是用户研究中经常采用的观察方法之一，是研究者深入用户的真实生活对用户的行为进行观察与记录的方法。影子观察可以研究目标用户在特定情境下的行为，在不干预用户的正常生活的情况下，深入挖掘用户生活中最真实的现象。

需要准备的材料：视频拍摄工具、拍照工具、录音笔、笔记本、笔等。

一、影子观察的使用方法

影子观察可以帮助研究者更加真实地了解用户的行为、情绪以及背后的原因。观察过程中研究者利用第一手观察数据往往能够发现用户和销售、技术人员日常都没有认识到的问题，同时记录的大量视频、照片、对话、笔记也可以使研究结果更有说服力。

影子观察过程中，研究者可能需要融入用户的生活，如图2-7所示，扮演成工作人员、其他用户、销售人员等在场景中观察，这样可以不打扰用户原本的状态，但是也要使用准备材料来记录，尽量避免"霍桑效应"[1]的发生。

影子观察有以下几个步骤：①确定观察的内容、用户基本信息、地点；②进行一次模拟观察，确认观察计划是否可行，确认准备材料是否充足等；③开始观察后，用照片、视频或录音记录，用列有观察事项的表格做记录；④转录视频、录音，分析数据。

二、影子观察的注意事项

基于影子观察的隐蔽性，使用此方法时需要注意以下几点：①一定要进行模拟实验，这样可以保证正式实验的顺利进行；②观察过程中的记录一定要及时，这样才能尽量减少研究者的主观性；③研究者在观察时要保

[1] "霍桑效应"往往在被试实验过程中受到周围环境的暗示时容易出现。被试表现出与日常生活和工作中不同的行为，从而降低了实验结果的普遍意义。

图2-7 进入观察

持开放的心态，切忌只观察、记录自己已知的内容，建议多使用视频的记录方式。

三、影子观察的局限性

尽管影子观察是用户观察中最贴近用户生活的方法，但是因为影子观察只能在限定范围内进行，所以只能对用户进行限定时间内的观察，无法探知长期发生的事件对用户行为的影响。同时，研究者需要扮演场景中固定的角色，所以研究者的主观性是不可忽略的因素。

另外，因为影子观察通常是不告知用户而进行的，所以要注意考虑道德伦理等方面的因素。

第六节 日记研究

日记研究是让用户在一定时间段内定期进行自我报告的方法。日记研究可以帮助我们收集大量的、详细的、实时的、有前后联系的定性数据，如用户的日常行为、活动、体验等数据的收集，如图2-8所示。

需要准备的材料：笔记本、计算机或手机等。

一、日记研究的使用方法

研究者可以通过日记研究对用户的长期行为获得全面的理解，如用户的习惯（睡前听音乐），产品的使用场景（使用产品的操作、任务流），用户的态度（使用产品时的情绪和看法），用户的旅程（使用一个产品或者服务的前、中、后的过程和体验），用户的活动（用手机聊天、计划旅游）等。

日记研究有以下几个步骤：①确定研究的重点、时间段和收集数据的工具，招募被试；②与被试沟通，确保被试了解自我报告的时间、内容、使用的工具，并解答被试的疑问，适当时可举例说明，但要避免示例对被试的引导作用；③研究开始后，在规定时间点提醒被试提交报告；④研究结束后，对报告进行分析、评估，必要时可以回访被试，讨论细节，完善用户的旅程。

得到大量的文字数据后，研究者需要根据这些数据重新思考最初的研究问题，形成完整的一个或多个用户旅程图（详见本章第十一节），以便整理典型用户群体的关键行为及情绪曲线。

时间	事件	原因	感受
13:30 — 14:00	吃完饭，出门发现车被贴了罚单；开车回家途中未及时注意到前方车辆突然刹车，刹车稍晚，比较危险	遇到险情时正副驾驶讨论刚才被贴条的事，造成一定分心，加上前车在快速路上突然减速往外并线，甚至停在了路上，不遵守交通规则	好心情毁于一旦，因为最讨厌这种暗给车贴条的行为，加上以前在这里从来没贴过，很是气愤，这种情绪持续了十几分钟

图2-8 日记研究示例

二、日记研究的注意事项

日记研究是在一定时间段内持续记录活动的过程，需要注意以下几个方面。

第一，进行模拟研究。模拟研究不需要像正式研究一样完整，目的是测验这个流程是否可以顺利进行，能否得到有用数据。如果发现问题，研究者可以对研究计划进行调整。

第二，计划适当的时间段。时间太短，不易收集到有说服力的数据；时间过长，随着研究的推进，被试参与的积极性会降低，导致数据的准确度降低，且与前期数据不匹配。

第三，找到合适的被试。被试不仅要是此次用户研究的目标用户，而且要保障被试理解研究内容，可以在此时间段内坚持并做出真实的报告。

三、日记研究的局限性

用户自我报告的内容通常只是反映日常活动的体验过程，并不能完整表达出导致这一行为的原因，所以需要研究者回访挖掘有用信息。另外，被试的参与度将直接影响数据的质量，因此，挑选被试及如何与被试建立长效沟通是难点。

第七节　问卷调查

问卷调查通过用户自我陈述、回忆和再认问卷中的问题来收集用户信息。问卷调查可以用于定性研究之后的排级或信息筛选。问卷发放时一般采用随机或定向投放的方式进行。问卷回收后需要运用统计方法进行数据分析，以便对定性研究进行验证。

一、问卷调查的使用方法

问卷调查使用的场景非常多，并贯穿于整个用户体验流程。例如，了解某种用户行为或观点出现的频率；了解用户对现有解决方案的优势与劣势感知的频率；了解某种需求出现的频率等。这些调查结果可以为研究者提供目标用户的相关信息，并有助于找到设计的关注点。同时问卷调查能帮助研究者获取用户的认知、意见、行为发生的频率，以及用户对某一产品或服务的设计概念感兴趣的程度。

问卷的形式有很多种，研究者可以依据实际情况选择电话问卷、互联网问卷、纸质问卷等方式。不同的方式各有优缺点，在选择的时候要考虑情境。产品用户调研和研发流程中的多个阶段均可以使用问卷调查的方法，需要大范围地收集用户态度或者用户习惯时也可使用该方法。

问卷调查的内容和所获得数据的分析方式取决于研究的目的。编制问卷主要有以下几个步骤。

第一，确定测量的目标、群体和用途。确定测量的目标就是要明确测量的主题和研究点，只有将测量的目标转换成可操作的术语，才能在编制问卷时把握具体项目的内容。此外，要明确测量的群体，一般将年龄、性别、职业、受教育程度、经济状况、民族、文化背景等因素作为测量属性，并且一定要明确测量的用途。测量的用途不同，编制问卷时的取材范围和测题的难度也不尽相同。

第二，收集编制题目所需要的材料。依据研究维度的重要性和复杂程度，列出希望收集到的信息，并标注每条调查信息的目的。材料要丰富，以便使问卷的内容比较全面。材料要具有普遍性，使所有的用户都能顺利完成问卷。此外，材料也要有趣味性，避免用户在完成问卷期间产生负面情绪。

第三，确定研究的维度。依据需要研究的问题确定问卷调查的主题和维度（研究主题的子类别）。

第四，确定题目的形式。题目要符合问卷的目的和材料的性质以及接受调查的群体的特点等。题目的形式包括封闭式（是非题、五点计分题、选择题等），开放式（问答题等）或其他（排序题、分类题等）。

第五，确定题目的数量。研究的每个维度都需要编写一定数量的题目。

第六，筛选已编好的题目。要选择描述清楚并且与主题契合度高的题目。

第七，将筛选好的题目按照一定的顺序排列，并为问卷设计一个合理、清晰的布局。

第八，试测。试测是指正式发放问卷前的试投放，目的是获得用户对题目的反馈。它既能反映题目意义不清、容易引起误解等质量方面的信息，又能提供关于题目的有效性等的数量指标，有时也会有意想不到的收获。例如，选项设置不够全面，会使大部分用户选择其他项。记录用户在试测时反馈的问题，之后对问卷进行改进，图2-9为问卷试测。

第九，发放问卷时可以随机取样或有目的地选择调查对象。例如，调研老年人使用某软件时，应选择老年群体定向发放问卷，尽量均衡线上线下，避免幸存者偏差。[1]

① 幸存者偏差（Survivorship bias）也称为生存者偏差、存活者偏差。它是指只看到经过某种筛选而产生的结果，而没有意识到筛选过程中被忽略的信息。

图2-9 问卷试测

第十，运用统计数据展示调查结果。统计数据涉及人口统计学变量（性别、年龄等）以及题目与变量之间的关系。

二、问卷调查的注意事项

① 问卷要清晰明了。用户容易完成，且完成过程明确省时。

② 用户在完成问卷时不会因为陌生的问卷题目形式而做错。

③ 初编题目的数量要多于最终所需要的数量，以便筛选或编制复本。

④ 试测的对象应取自正式的被试群体，最好是典型被试。

⑤ 试测的实施过程和情境应与正式测试时的情况相似。

⑥ 试测的时间能够保证每个用户都能完成题目，以收集比较充分的资料，使统计分析的结果更为可靠。

⑦ 在试测的过程中，应随时对用户反映的情况加以记录。

⑧ 可以用问卷调查法收集定性的数据。有时，包含需要深入回答的开放型问题的问卷所得的结果比使用大量样本所得的结果更有效。

⑨ 部分问卷枯燥乏味，很难获得足够的答复样本。因此，需要结合视觉材料将问卷设置得生动有趣。例如，可以使用添加图像、视频等超文本素材的在线问卷。

⑩ 在测试一个或多个概念时，这些概念的表达至关重要。

⑪ 问卷的一致性。发放问卷后不可以修改问卷，不可以将已收回的问卷和修改后的问卷混合做数据分析。

三、问卷调查的局限性

使用问卷调查不能得到用户的潜意识或情感化的信息。

调查结果的质量与问卷的质量密不可分。问卷的题目太多，会造成用户填写时的负面情绪，进而因不愿意填写导致回收率低。

问卷调查的结果太过抽象，信息无法直接被研究者理解或采纳。

第八节　焦点小组

焦点小组是一种集体访谈的形式，图2-10为焦点小组现场。焦点小组可以在用户研究和讨论产品的相关阶段使用，参与者应该是项目的研究对象或产品的目标用户。

需要准备的材料：白板、笔、纸，可以设计一些激励用户发言的工具包，如图片、自己制作的与课题或产品相关的卡片等。

一、焦点小组的使用方法

焦点小组的使用情境比较灵活，可以用于用户研究环节，也可以用于产品设计环节，适用于从目标用户分析到产品设计，再到产品评估的整个流程的全部阶段。

在用户研究中，焦点小组主要应用在对用户有基本了解的基础上，一

图2-10　焦点小组示例

般是在桌面调研阶段之后。这时研究者能够近距离接触用户，帮助解答或验证桌面调研的结果，获得更多的真实信息和启发。研究者通过对焦点小组的答案进行整理，指导下一步的研究。在使用焦点小组时，研究者可以通过观察来选择需要进一步调查的对象，并对其中几个重点对象进行一对一的深度访谈。

在产品设计的初始阶段，研究者可以运用焦点小组了解目标用户，同时还可以了解产品的使用情境，了解用户对现有产品或竞品的评价反馈。在设计阶段，焦点小组可以激发研究者的创造力。在产品原型阶段，焦点小组也可以帮助研究者明确或测试产品或服务的设计概念。

为了确保焦点小组的成果的可靠性，一般需要进行三组以上的焦点小组访谈，在正式的焦点小组访谈前最好要有一次模拟。每组需要有6~8位的参与成员，除此之外，还需要一个主持人和一位数据员。主持人负责控制焦点小组的步骤和节奏。当讨论话题偏离主题时，主持人要及时打断，引导参与者将讨论话题回归到主题。同时，主持人要尽量均衡发言的时间，避免某个人占用过长时间。

焦点小组的主要步骤和用户访谈类似，具体如下。

第一，制定访谈大纲。这里的访谈大纲要注意与用户访谈区分开，大纲所设定的问题应该是能够帮助激发小组进行讨论的话题，而不是让小组成员一一给出答案。

第二，模拟焦点小组访谈。这不仅需要测试访谈大纲的问题是否合理，而且需要注意问题能否激发讨论。

第三，确定参加焦点小组的人员。

第四，进行焦点小组访谈。建议焦点小组访谈的时间为1.5~2小时，一般不少于1小时。时间过短，讨论的深度可能不够；时间过长，又会导致成员的疲惫。

第五，转录并分析。与用户访谈相同，此步骤需要注意记录小组成员的回答情况，收集并整理出用户想要的和不想要的、对事物的态度和行为描述，保留具有代表性的用户原话佐证观点。

二、焦点小组的注意事项

① 在做准备工作时，要设计好在焦点小组中使用的方法，如拼贴画，这可以帮助激发焦点小组成员的讨论。如果焦点小组成员此前相互不认识，那么可以帮助其消除陌生感。也可以设置破冰小游戏来促进大家快速熟悉彼此。

② 不论使用任何工具，还是回答各种问题，问题的答案不是最重要的，成员的讨论和思考过程更值得重视。这些讨论的过程可以帮助研究者了解用户的想法，并有可能激发研究者的创意。

③ 焦点小组和用户访谈的重点不同。焦点小组不是多次一对一的用户访谈的累加，用户访谈的目的是了解个体的想法，重视用户给出的答案。焦点小组成员之间的沟通互动，更主动地展现出用户群体的思考过程，在过程中有所洞察更为重要。

④ 在将问题转化成话题时，如果小组成员不是专业人士，要注意尽量使用通俗易懂的语言，尤其是开场话题，要尽量降低难度和专业度，将用户带入相关情境，激发所有用户的讨论。

⑤ 注意规划每个话题的时间。模拟焦点小组访谈能够很好地帮助解决这个问题。

⑥ 主持人要计划好如何激励所有人参与讨论。

三、焦点小组的局限性

焦点小组的成果要根据讨论的效果来决定，而讨论的效果又与小组成员的构成有关。如果小组成员相互不认识，那么讨论过程可能是成员一个一个地发言，不够活跃；如果小组成员相互认识，且小组成员之间是上下级的关系，那么可能会迫使其他人附和或赞同。

第九节　用户画像

用户画像，也称为"人物志"，用于分析目标用户的原型，描述并勾画用户的行为、价值观和需求，是建立在对真实用户的深刻理解和相关精准数据的概括之上，虚构的包含典型用户特征的人物形象。用户画像虽然是虚构的形象，但每个用户画像所体现出来的细节特征应该是真实的，是建立在利用用户访谈、焦点小组、文化探寻、问卷调查等定量和定性研究方法收集的真实用户数据之上的。

需要准备的材料：利用用户访谈、焦点小组等定性的方法得到的数据和详细的用户信息；利用问卷调查、人口统计学等定量的方法得到的数据。

一、用户画像的使用方法

在用户调研完成后，研究者可以使用用户画像总结调研所得的结论。在产品概念设计过程中或与团队成员及其他利益相关者讨论设计概念时，研究者也可以使用用户画像。用户画像的本质是一种用来沟通的工具，它能够帮助研究者摆脱自己的思维模式，沉浸到目标用户角色中，站在用户的角度思考问题。一个饱含丰富信息的用户画像能够让这些重要的用户特征信息直观地在研究者之间传递，帮助所有相关成员对目标用户形成一致的理解，并深入了解用户的价值观和需求。用户画像在用户整合流程中有着非常重要的作用，那么一个丰富的用户画像是如何形成的呢？

首先，需要确定数据目标，也就是明确研究范围，有针对性地挖掘用户身上的相关信息。其次，要理解用户，简单地说就是收集信息，对用户从态度到行为，再到一些细节特征的立体数据的收集（如运用定性研究、情境地图、用户访谈、用户观察等方法）。在此基础上，从行为方式、共性、个性和不同点等方面理解用户。根据项目特点和目标关键变量（导致用户对目标产品的相关行为产生差异的核心特征）对目标用户的特征进行聚类分析，得到3~5个具有基本特征的用户画像。最后，将这几个用户画像的信息丰富化，赋予用户画像更多的具体特征（如外貌、姓名、性格等）。简单来说，主要包含以下几个步骤。

第一，收集大量的定量和定性分析得到的与目标用户相关的信息。

第二，筛选出最能代表目标用户群体且与项目相关的用户特征。

第三，聚类与项目相关的用户特征，结果如图2-11所示。

第四，人物原型形象化，如图2-12所示。

① 为每个用户画像命名。

② 用一个版面表现一个人物角色，确保概括得清晰到位。

③ 运用文字和人物图片表现用户画像及其背景信息，在此可以引用用户调研中的用户语录。

④ 添加个人信息，如年龄、教育背景、工作、民族和家庭状况等，从而细化用户特征。

⑤ 将每个用户画像的价值、生活目标、个人追求观等思想层面的特征概括并添加到用户画像中。

用户画像之 "健身小白"

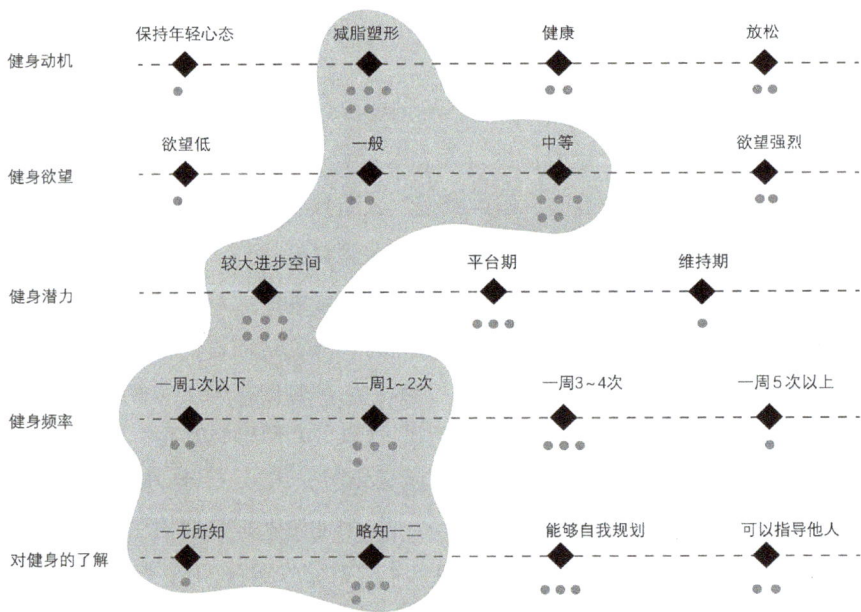

图2-11 用户聚类示例

20岁 本科生 未婚【健身小白】

"大家都在健身，我也想变好看"

内向 ■ 外向

理性 ■ 感性

积极 ■ 消极

动机

鼓励

恐惧

成就

成长

力量

社交

李晓珊是一个内向的女大学生。她很想融

入集体，最近健身非常火热。她心想，健身能减肥，对健康有好处。要是能通过健身和大家有共同话题就好了。

但是她不知道哪里的健身房好，也不好意思在拥挤的健身房里练得满头大汗。

挫折

· 不知道该去哪里健身

· 不好意思在人多的健身房里健身

· 不了解健身方法

需求

· 减脂塑形

· 在社交上融入群体

· 锻炼身体，改善身体状况，保持健康

· 改变自己内向的性格

图2-12 用户画像示例

二、用户画像的注意事项

① 引用最能反映用户画像特征的用户语录。

② 创建用户画像时切忌沉浸在用户研究结果的具体细节中，应提炼共性。

③ 提高用户画像的视觉效果。有视觉吸引力的用户画像在设计过程中往往更受关注和欢迎，使用率也更高。

④ 用户画像可以作为制作故事板的基础。

⑤ 创建用户画像时可以将研究者关注的焦点锁定在某一特定的目标用户群体，而非所有的用户。

三、用户画像的局限性

研究者不能单独将用户画像作为测试工具来使用，在设计后期依然需要真实的用户来评估设计。

为每个用户画像代表量身定做的设计并不一定符合群体性社会情境。因此，研究者在制作用户画像时需要结合不同的情境。

第十节　角色扮演

角色扮演会让研究者体验到整个目标情境：遇到问题前的心理活动及准备工作，遇到问题时的困惑及如何获得解决方法，如何使用产品解决问题，以及解决问题后的结果。由此来体现产品的交互形式，更加直观地了解用户可能面临的问题，判断产品是否有效解决了这个问题，从而促进产品的迭代更新。

需要准备的材料或工具：摄像机、彩色头套、耳塞、棉花糖、化妆品等。

一、角色扮演的使用方法

用户体验设计的全流程都可以使用此方法。在前期，角色扮演可以帮助研究者深入了解用户体验的真实情境。尤其是在研究者不属于潜在用户群体和不了解用户群体时，角色扮演可以将研究者带入用户群体，从用户的角度出发，以用户为中心开展工作。在完成概念设计后，角色扮演主要用于帮助研究者检验产品，将设计方案置于问题情境中，验证其能否真实有效解决问题。如图2-13所示，戴上眼罩体验盲人出行，为盲人进行出行服务设计。

角色扮演区别于故事板或场景描述，可以帮助用户身临其境地深入生活情境，体会产品与人交互的过程。

利用照片或视频的形式来记录角色扮演过程，可以帮助研究者从初步的概念交互设计中选择最优方案。同时对这些资料的进一步加工，配以视觉形象和文字来实现方案的可视化，可便于研究者进行交流和评估设计，主要步骤如下。

第一，选择扮演者，确定演出主题。研究者最好能够亲自进行角色扮演。

第二，编写脚本，明确演出内容，展示交互方式，并确定演出顺序。

第五，重复扮演过程以确保所有的交互过程都已经按照顺序被展示。

第六，分析记录，注意交互过程的顺序，观察不同的痛点和用户动机对应的交互行为。

二、角色扮演的注意事项

① 角色扮演前可以通过简单的用户调研，了解用户的生活，有利于角色扮演脚本的编写。

② 角色扮演有时需要扮演者花费几小时、几天甚至几周的时间来适应所扮演的角色。

三、角色扮演的局限性

角色扮演需要花费较高的时间成本。若想把角色扮演好，需要花费大量的时间和精力，可能会影响整体项目的进度。

角色扮演是较为有趣的方法，但是过度在意其中的趣味性，会使内容脱离现实，忘记使用方法的初衷。

图2-13 体验盲人出行

第三，确保在演出过程中做详细的记录。

第四，鼓励采用"自言自语"这种出声思考的方式表演，有助于展示角色的思考与想法。

第十一节　旅程图

旅程图是通过绘制用户在问题情境中的阶段、行为、痛点、需求、情感、想法，帮助研究者从问题发生的"前、中、后"全流程的视角了解用户面临的问题，深入解读用户在使用某种产品或服务的各个阶段中的体验和感受，如图2-14所示。

需要准备的材料或工具：纸、笔、绘图工具、便利贴。

一、旅程图的使用方法

旅程图的方法可以贯穿于整个研究过程中。在项目前期，通过问卷、观察、访谈等方法收集到的用户行为、痛点、情绪等信息，以可视化的图形语言，按照时间线进行整理后，形成旅程图。旅程图可以有效地帮助研究者在各个阶段验证研究者的产出与用户心理模型之间的差距。研究者也能依据用户旅程图开展设计，并及时在旅程图上标注设计的改进之处。

阶段	减肥前	运动减肥	饮食管理
行为			
需求	·安全、有效的减肥方法	·易于坚持、易于操作	·易于坚持
痛点	·不知道自己适合哪种减肥方法	·增加负担 ·容易受伤 ·占用时间，难以坚持	·缺少测量方案 ·单纯节食，有害健康 ·菜谱单一，难以坚持

图2-14 旅程图示例

旅程图可以让研究者更深入地理解用户使用产品或服务达成某个目标的整个过程。用户在复杂的场景中使用产品或服务时，会与产品或服务产生不同触点，这些触点还可能发生在不同渠道。旅程图可以帮助研究者思考这些复杂的关系，设计和开发出符合用户心理模型并具备商业价值的产品或服务。这种方法能有效避免研究者设计出体验中的无效孤立接触点（touch point）。旅程图制作的主要步骤如下。

第一，选择目标用户并说明选择的理由。尽可能详细并准确地描述该用户，并说明如何得到这些信息。例如，通过定性研究得出。

第二，在横轴上标注用户在某时间段内的详细任务流程或某场景下的行为。注意要从用户的角度来标记这些活动，而不是从产品功能的角度。

第三，在纵轴上列出各种问题。例如，用户的目标和工作背景；从用户的角度来看，产品的哪些功能较好，哪些不佳；在使用产品或服务的过程中，用户的情感是如何变化的以及引起情绪转折的事件及原因。

第四，添加对该项目有用的任何因素。例如，用户会与产品产生的触点；用户会和哪些人打交道；用户会用到哪些相关设备等。

二、旅程图的注意事项

① 在使用旅程图时要最后标注用户与产品的触点。因为需要改进的是用户体验，所以不要过分专注于"用户需要什么"，而应该重视"需求背后的动因"。

② 灵活地运用纵轴，以表达出其所具有的特点。

③ 使用不同的视觉表达形式。例如，旅程图可以是一个循环过程，不同的旅程可以相互交叉；也可以通过比喻手法将旅程视觉化。

④ 要耐心地与项目中的不同利益相关者协同创作并绘制旅程图。

三、旅程图的局限性

如果把旅程图当作生硬固定的表格填写，那么会限制研究者的逻辑思维，从而失去了洞察的契机。

在不了解产业背景的情况下，旅程图可能只是研究者的一己之见，脱离实际情况。

第十二节　故事板

故事板是一种用视觉的方式讲述故事的方法，也用于陈述设计在应用情境中的使用过程。故事板有助于研究者了解目标用户群体、产品使用情境、产品使用方式和时间。

需要准备的材料或工具：白纸或者手绘板，不同粗细、不同颜色的马克笔，不同粗细的铅笔。

一、故事板的使用方法

故事板可以应用于整个设计流程。研究者可以跟随故事情节设计用户与产品的交互过程，并从中得到启发。故事板会随着设计流程的推进而不断改进。在设计的初始阶段，故事板不仅是简单的草图，而且可能包含研究者的评论和建议。随着设计流程的推进，故事板的内容逐渐丰富，会融入更多的细节信息，帮助研究者探索新的创意并做出决策。

在设计流程末期，研究者依据完整的故事板反思产品、产品蕴含的价值和产品设计的品质。

以图2-15为例，故事板所呈现的是极富感染力的视觉素材，因此它能使读者对完整的故事情节一目了然：用户与产品的交互发生在何时何地，用户和产品在交互过程中发生了什么，产品是如何使用的，产品的工作状态、用户的生活方式、用户使用产品的动机和目的等信息皆可通过故事板清晰地呈现。

如果要运用故事板进行思维发散，以生成新的设计概念，那么可以先依据最原始的概念绘制一张产品与用户交互的故事板草图（该草图是一个图形和功能的兼备交互概念图）。无论图中的视觉元素还是文字信息都可以用于交流和评估产品概念设计。之后根据此草图制作故事板，制作流程包括以下几个步骤。

第一，先确定功能、模拟使用情境和用户角色等元素。

第二，选定一个故事和想要表达的信息，即想要通过故事板表达什么，是要表达初步的构想、中期的反思还是最终的功能展示。

图2-15 故事板示例1

第三，绘制故事大纲草图。先确定时间轴，再添加其他细节。若需要强调某些重要信息，则可以采取变换图片尺寸、留白空间、构图框架或添加注释等方式。

第四，绘制故事板，如图2-16所示。可以使用简短的注释或加注旁白为图片信息做补充说明，同时也使故事板的情节更加明确。

图2-16 故事板示例2

二、故事板的注意事项

① 漫画与影视的表达技巧是较好的参考资源，其中不乏适用于产品使用情境和故事板的技巧。

② 故事板也可以用来制作视频短片。

③ 运用故事板能帮助研究者与项目的利益相关者进行有效的沟通。

④ 在绘制故事板的过程中要考虑镜头感（分镜），运用不同的分镜手法（近景、中景、远景等）来表现不同的内容，这样才能够突出每一张故事板的主要内容。当然，还需要思考故事板的顺序和视觉表现手法。

三、故事板的局限性

开放式故事板更容易引发读者的评论，优美精细的故事板反而会让读者不知所措。以分析为主要目的的故事板通常运用事实性的视觉表达方式；用于引发设计创意联想的故事板往往采用较为粗略的视觉表达方式；以评估设计创意为主要目的的故事板通常较为开放，融合了各种不同的视角。以上这些故事板通常运用看上去并不精美的草图表现使用情境，从而获得更多读者的反馈信息。用于展示产品概念设计方案的故事板通常需要具备完善的细节。

第十三节　头脑风暴

头脑风暴是一种激发大脑产生大量思路的方法，按照说、写、画三种不同的媒介可以分为口头头脑风暴、书面头脑风暴、绘画头脑风暴，视实际场地选用合适的方法，或相互结合使用。在头脑风暴过程中，研究者会提前制定相应的活动规则和程序，需要严格遵守。头脑风暴的前提假设是数量成就质量，所以鼓励参与者产生大量的想法，越多越好。

需要准备的材料或工具：便利贴、彩笔等。

一、头脑风暴的使用方法

头脑风暴可以用于需要发散思维的阶段，适用于设计的各个阶段。头脑风暴过程中最重要的原则是不要否定任何想法。因此在头脑风暴过程中，我们可以暂时忽略要求和限制，抱着完全开放的心态进行。

头脑风暴一般是成组进行的，参与人数4～15人为宜，具体步骤如下。

第一，定义问题，列出问题说明。一般是以"如何"开头的问句，数量不宜过多。

第二，制订流程计划，包含时间轴和流程。例如，第一轮用5分钟，每个人写出至少10张纸条；第二轮为5分钟，每个人根据他人第一轮的纸条再写5张纸条……

第三，解释方法、规则和需要头脑风暴的问题，选出1人及时控制流程。

第四，参与者把自己的想法写在纸条上，如图2-17所示。

第五，第一轮后，每个人说出自己的想法，并将类似的想法归到一起。

第六，第二轮可以在第一轮的他人想法的基础上提出新的想法，根据结果、数量和时间决定几轮后可以结束。

头脑风暴结束后会产生大量的想法，可以用亲和图的方法来整理分类，如图2-18所示。

图2-17 头脑风暴

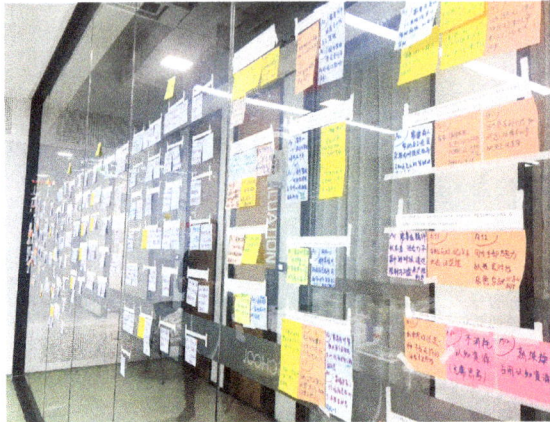

图2-18 头脑风暴整理方案

二、头脑风暴的注意事项

进行头脑风暴需要注意以下几个原则。

① 延迟批评。不要对他人的想法提出异议和批评，这样可以保证每个人的想法不受束缚，可以保证最后产生大量的新创意。

② 鼓励"不一样"。鼓励参与者提出任何想法，越大胆、越疯狂越好。

③ "1+1=3"。第二轮开始后，鼓励成员对他人的想法进行补充和改进，互相配合提出更好的创意。

④ 数量至上。头脑风暴要求参与者以较快的节奏产生大量的想法。

⑤ 时间控制。进行过程中需要参与者在短时间内高度集中思考，所以不宜长时间进行，时间控制在30分钟内为宜。

三、头脑风暴的局限性

头脑风暴适合相对开放的问题。如果遇到复杂的问题，研究者需要进行细分，再进行头脑风暴，但是这样就不能保证问题的完整性。同时头脑风暴鼓励参与者发散思维，所以不适合解决对专业知识要求较强的问题。

第十四节 WWWWWH

谁（Who）、什么（What）、在哪里（Where）、什么时间（When）、为什么（Why）、怎么做（How）这6个常见的词代表的6个问题构成了WWWWWH方法，如图2-19所示。该方法可以帮助研究者明确问题及其要素。

需要准备的材料或工具：笔、纸等。

一、WWWWWH的使用方法

WWWWWH方法常用于产品概念的形成阶段，定义研究阶段发现的问题，并指导下一阶段的方案设计。通过利用这6个要素，研究者对需要解决的问题进行拆解分析。

谁（Who）：目标用户是谁，利益相关者是谁。一般情况下，研究者可以准确描述研究的目标用户，但容易忽略利益相关者，即与用户和事

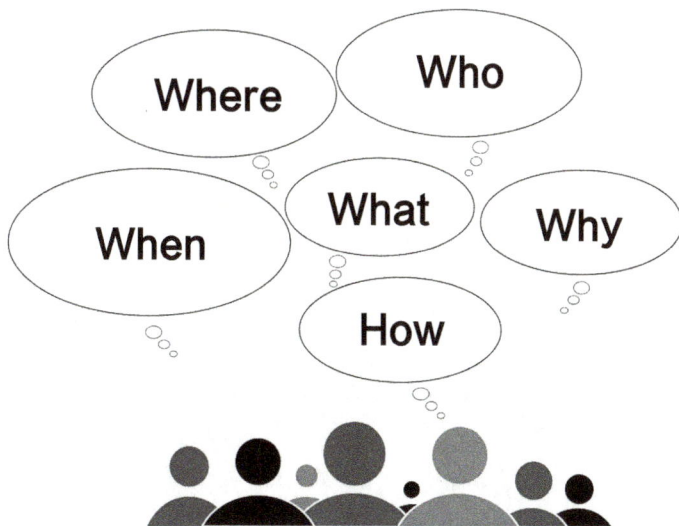

图2-19 WWWWWH

件有关的角色。例如，以发生交通事故的司机为目标用户，利益相关者包括车上的人、交警、保险公司、周围的驾驶者，甚至是司机的家人等。研究者可以通过排列利益相关者与事件的"亲密程度"，找到问题的切入点，如利益相关者的共同需求。

什么（What）：主要问题是什么？主要问题通过情境来定义，情境由"在哪里"和"什么时间"来定义。

在哪里（Where）：问题在哪里？问题解决方法可以在哪里找到？

什么时间（When）：问题是在什么时间产生的？这个时间是一个概括性的时间。解决方案在什么时间产生？

为什么（Why）：问题为什么会出现？为什么现在没有解决？

怎么做（How）：解决问题应该从哪里入手？之前的方案是怎样帮助解决问题的？

WWWWWH方法的主要步骤如下。

第一，首先列出5个W和1个H。

第二，回顾这6个问题，查漏补缺，写出更多的细节，用修饰来限定问题。

第三，制定准则，排列优先级，筛出有用的信息。这里要注意准则的选择，根据不同项目的具体情况制定不同的优先级排列准则。

第四，写出设计问题。

二、WWWWWH的注意事项

① 在写利益相关者时，写出尽可能多的利益相关者。

② 思考问题是什么时，要根据问题的原因进行深入分析，不是分析表层问题，而是分析问题出现的根本原因是什么。

三、WWWWWH的局限性

此方法通过配合设计问题来使用。如果问题界定不够准确，此方法能够在一定程度上提示研究者。但如果前期没有明确的问题，那么此方法不太具有针对性，故不太适用于没有具体方向的用户研究项目。

第十五节　HMW

HMW，即How Might We（我们如何能够），是一种通过提出问题来明确设计目标、激发创意思考、促进协作的方法，可以结合头脑风暴一起使用。在明确了目标群体、需求、痛点之后，研究者需要洞察用户行为背后真正的需求是什么。比如，用户说他需要的是读书，但结合他的生活状态和情绪描述等，研究者洞察出他背后真正的需求是一种陪伴或者精神层次的满足。然后研究者通过HMW的提问进行思考，产生大量的设计创意。

需要准备的材料或工具：彩色画笔、便利贴、白板等。

一、HMW的使用方法

HMW包含3个关键点："我们""如何""能够"。对比"我们怎样才能"或者"我们应该怎样"，语气上隐含着一种疑问和不确定，"如何"意味着只需要把想法提出来，就能给用户提供一种解决问题的可能性，无论其最终能否实现。

HMW的主要步骤如下。

第一，提出问题，确定要解决的问题。例如，"我们如何能够帮助临近毕业的大学生找到满意的工作"等，列出大量解决方案。这些方案需要建立在对前期用户调研结果洞察的基础上。

第二，选出一个主持人控制时间和节奏。

第三，在第一轮的限定时间内，所有人对一个HMW问题通过头脑风暴提出解决方案。

第四，在第二轮的限定时间内，所有人在第一轮的他人想法的基础上发散思维，提出新的解决方案。

第五，讨论所有想法，并将相近的创意放在一起进行整理。图2-20为HMW的产出成果。

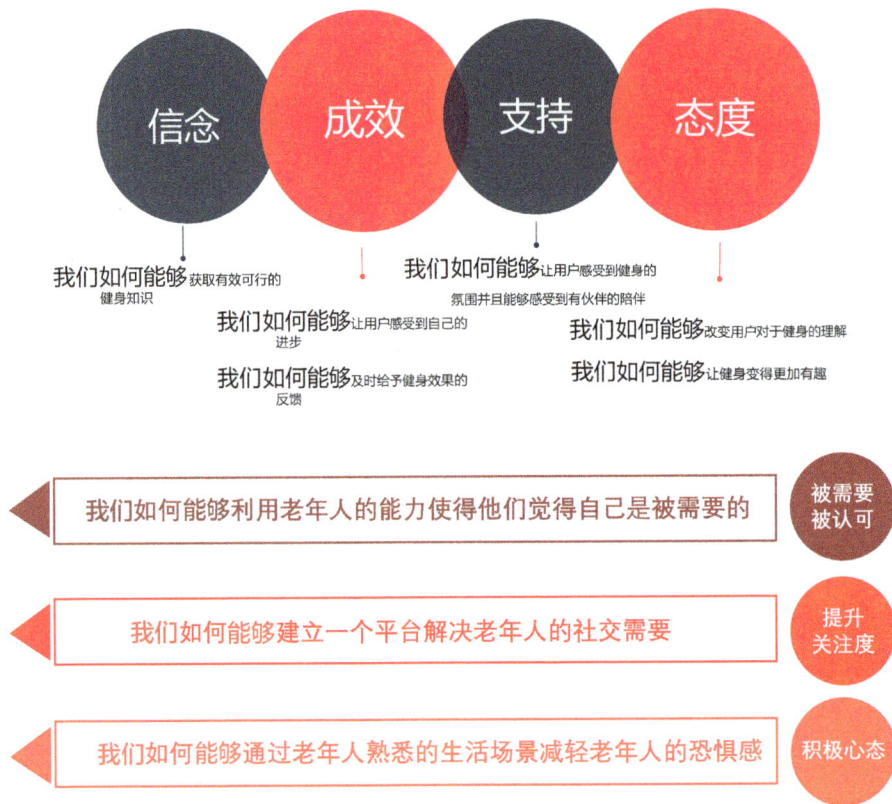

信念　成效　支持　态度

我们如何能够 获取有效可行的健身知识

我们如何能够 让用户感受到自己的进步

我们如何能够 及时给予健身效果的反馈

我们如何能够 让用户感受到健身的氛围并且能够感受到有伙伴的陪伴

我们如何能够 改变用户对于健身的理解

我们如何能够 让健身变得更加有趣

我们如何能够利用老年人的能力使得他们觉得自己是被需要的　被需要被认可

我们如何能够建立一个平台解决老年人的社交需要　提升关注度

我们如何能够通过老年人熟悉的生活场景减轻老年人的恐惧感　积极心态

图2-20 HMW的产出成果

二、HMW的注意事项

① 使用HMW时需要注意与头脑风暴一样，不要否定他人的想法。

② 每个人都要完全了解前期调研的结果以及要解决的问题。

③ 提出的问题不要过大，也不要量化。比如，"我们可以怎样解决全球变暖的问题"，"我们可以怎样增加10%的观众"。研究者找到合适的问题切入点后才能充分发挥HMW方法的作用。

④ 提出问题后，注意多问"为什么"，这样才能深度挖掘到想要解决的问题，才会想出更好的解决方案。

⑤ 第一次使用HMW方法时，新手会不知道如何提出问题，需要有经验的人亲身示范。

三、HMW的局限性

HMW与头脑风暴相似，开放性较强，不适合解决过于复杂和专业性较强的问题。

第十六节　象限分析

象限分析是一种通过坐标系对研究数据、创意概念进行评估的方法，一般包括两个维度的评估标准。评估标准由研究者根据研究方向确定。

需要准备的材料或工具：白纸或白板、白板笔、便利贴。

一、象限分析的使用方法

象限分析一般在概念设计阶段使用，如在头脑风暴后用来整理大量的创意。象限分析还可以促进研究者之间的讨论，帮助研究者整理对创意的理解，达成共识。当面对众多想法不知道该如何取舍选择时，也可以使用象限分析，选择两个对设计研究最重要的维度，如图2-21所示，理性地分

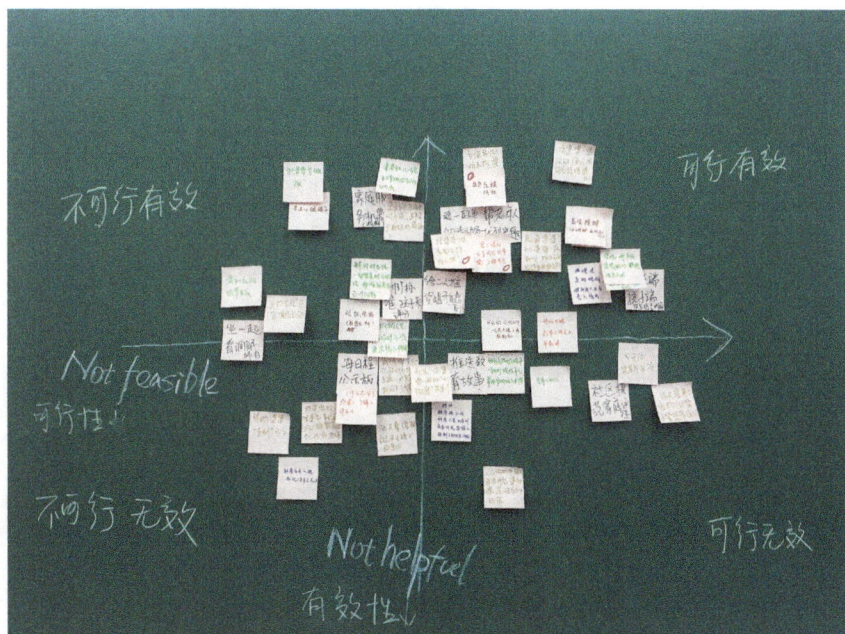

图2-21 象限分析

析每个想法，同时在两个不同的想法之间进行相对排序，从而达到筛选的目的。

象限分析有以下几个步骤。

第一，确定两个维度。比如，创新性与可行性、易用性与新颖性等。

第二，在白纸或白板上绘制坐标系，形成2×2的矩阵。X轴、Y轴分别代表一个维度，轴的两端依次从不好到好。

第三，将所有的想法写在纸条上。

第四，研究者讨论每个想法，并将纸条贴在坐标系上的对应位置。

第五，将所有纸条都贴在坐标系上后，就可以选出最能满足要求的一个或几个想法。

二、象限分析的注意事项

① 象限分析需要选择两个维度。这两个维度应是前期大量调研得出的评价标准或者来自利益相关者的要求，这样选出来的结果才能帮助项目完整进行。

② 象限分析是在团队内进行的，需要成员之间相互说服，将最后统一的结果贴在坐标系上，切忌一人决定。

三、象限分析的局限性

象限分析只能分析两个维度，如果需要从多个维度进行评估时则不宜使用象限分析。

第十七节　SWOT分析

SWOT分析通常在创新流程的早期执行。该方法的初衷在于帮助企业在商业环境中找到自身的定位，并在此基础上做出决策。SWOT是Strengths（优势）、Weaknesses（劣势）、Opportunities（机会）、Threats（威胁）4个单词的首字母缩写。前两者代表企业的内部因素，后两者代表企业的外部因素。这些因素都与企业所处的商业环境息息相关。外部分析（OT）的目的在于了解企业及其竞争者在市场中的相对位置，从而帮助公司进一步理解自身的内部分析（SW）。

一、SWOT分析的使用方法

此方法具有简单快捷的特点，然而SWOT分析的质量取决于一个团队对于诸多影响因素的理解程度，因此该方法适合于具有多学科交叉背景的团队。外部分析的结果能帮助研究者全面了解当前市场、用户、竞争对手、竞争产品或服务，分析企业在市场中的机会和潜在的威胁。

在进行内部分析时，研究者需要了解企业在当前商业背景下的优势与劣势，以及相对竞争企业存在的优势与劣势。内部分析的结果可以全面反映出企业的优势与劣势，并且能找到符合企业核心竞争力的创新模式，从而提高企业在市场中获得成功的概率。SWOT分析主要包括以下几个步骤。

第一，确定企业竞争情境的范围，明确所属行业。

第二，进行外部分析。外部分析涉及以下问题：当前市场环境中最重要的趋势是什么？人们的需求是什么？人们对当前产品有什么不满？什么是当下最流行的社会文化？竞争对手都在做什么，计划做什么？

第三，列出企业的优势和劣势清单，并对照竞争对手进行逐条评估。将精力主要集中在企业自身的竞争优势及核心竞争力上，不要太过于关注自身的劣势，因为要寻找的是市场机会，而不是市场阻力。当发现企业的劣势可能会形成制约该项目的瓶颈时，企业需要投入大量的精力来解决。

第四，将SWOT分析的结果条理清晰地总结在图2-22中，并与团队成员及利益相关者交流分析成果。

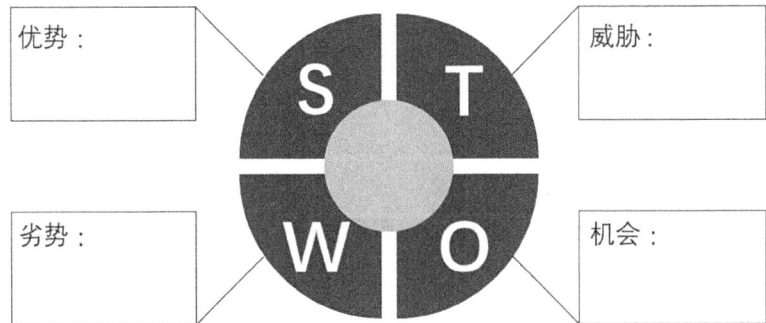

图2-22 SWOT分析

二、SWOT分析的注意事项

① 确定企业的竞争环境范围时一定要谨慎。成功的SWOT分析，需要定义合适的竞争环境范围。该范围可宽、可窄，选择时也没有普遍的规则可以参考。

② 试着从威胁中寻找机会。例如，严格的环境政策可以视为对企业现有产品的威胁，但也可以视为开发创新产品的机会。

三、SWOT分析的局限性

SWOT分析是要从分析结果中找到有前景的创新想法，因此要求研究者有丰富的经验、敏锐的发现能力、多角度的思考能力和多维度的信息储备。

第十八节　快速原型

快速原型是指在产品或服务设计过程中，用较快的方式将设计理念可视化。快速原型的价值在于体现产品的设计理念，研究者可以利用快速原型对设计理念进行测试。如果是数字产品，研究者需要利用快速原型来验证交互逻辑是否正确，以及产品功能是否形成闭环。同时快速原型能够帮助研究者与团队其他成员进行沟通。

一、快速原型的使用方法

快速原型就是运用各种方式快速加工出可视化的原型。对于实体类产品，可以用纸张、纸板、泥、石膏等进行制作，可以混合使用，制作的材料不受限制，重点在于表达产品功能。图2-23展示的为Arduino原型。对于数字产品，如创建一个软件或手机应用，可以利用纸来画出界面，也可以用相关软件来快速建立低保真原型，如Axure, Sketch，在线平台ProcessOn等。对于服务产品，可以采用角色扮演或1∶1场景还原等方式进行方案验证及评估，以调整和优化体验流程。

快速原型的具体步骤如下。

第一，从现实中取材，可以使用涂鸦式草图；可以用照片的方式，照片更真实；可以从书籍、杂志和宣传单中寻找图片素材；可以利用废物搭建。实体类产品可以利用玩具等迷你模型，在此基础上进行添补或修改。

第二，将收集到的素材运用到所要展示的设计上，尽量包括所有的产品使用步骤。可以拍摄照片，裁剪，粘贴，或在照片上作画，也可以使用计算机绘图软件。不论利用什么手段，重要的是能够形象地表达出设计理念。

第三，灵活利用原型表达产品。按照产品或服务的使用过程，对各个原型进行逻辑排序，可以利用原型制作故事板，也可以运用已有的原型做成小视频。

图2-23 Arduino原型

第四，通过用户使用原型获取反馈信息，再次迭代设计。快速原型不仅能够帮助研究者进一步审视自己的设计，而且可以通过用户试用后的反馈，帮助研究者了解用户的想法。虽然原型不精美，但能够形象地把用户带入使用情境。在用户测试的过程中，研究者要鼓励用户发表意见以获得用户的反馈信息。

二、快速原型的注意事项

快速原型是将需求或者功能等抽象信息转化为具象原型的一种方法，能够帮助研究者更好地理解产品的功能板块、界面、元素以及它们之间的交互逻辑关系，从而更好地将设计概念转化为实体产品。利用快速原型将设计理念可视化，需要注意以下几个方面。

①制作快速原型时，尽量与用户或其他利益相关者共同协作，以便在制作原型的过程中能够获得有价值的反馈信息。

②制作原型的过程中，可以设置一些现实情况的延迟。比如，步骤之间的转化可能会出现的延迟界面，以便让用户体验到产品的真实性。

③快速原型的制作不要过分注重功能细节，将关键功能阐述清晰即可。

④在评估原型之前，需要提前确认所需的反馈内容，使得原型评估更高效。

⑤快速原型只是一个模拟的原型，并不是真实可用的解决方案。因此在体验或评估原型之前，需要强调这只是实现最终设计的一个环节，鼓励体验者或评估者积极提供反馈信息。

⑥原型评估结束后，不需要将用户在原型评估中提出的每一个反馈都当作新需求，但需要对每一个反馈进行仔细评估。

三、快速原型的局限性

快速原型虽然不要求研究者的绘画、手工功底，也不受材料的限制，但需要研究者把握产品或服务的重点，并需要考虑原型的展现形式，以及实现原型的技术手段。

第十九节　原型测试

原型测试是在快速原型建立之后用走查（Walkthrough）等方法检验原型是否符合设计理念，用以指导接下来的产品设计与优化迭代。该方法能够帮助研究者了解用户在使用该产品时最真实的反馈，并在测试结果的基础上进行改进。

需要准备的材料或工具：计时器、纸和笔、需要测量的产品、能够录音的设备、能够录视频的设备。

一、原型测试的使用方法

原型测试一般适用于设计过程中的几个特定阶段。在产品设计开始前，为了指导产品设计，研究者可以先测试并分析类似产品的使用情况。研究者通过使用现有的产品，测试现有产品在使用过程中遇到的问题和使用情况。在设计的初期和中期，研究者可以运用快速原型呈现产品的设计理念、造型和功能，图2-24为用户使用快速原型进行测试。在设计的后期，通过高保真原型制作等方法将产品完整地展现给用户，让用户对产品进行整体评估。原型测试的意义是与产品开发阶段密切相关的。

通过原型测试，研究者可以发现设计中的缺陷，在用户反馈后不断改进产品。想要得到有效的反馈，研究者需要在展示产品概念时选择最合适、有效的测试内容，符合产品的特点和功能。在测试过程中，研究者不仅需要观察用户的使用情况，而且需要观察用户的感知能力（用户的使用过程是否流畅，是否能够自己主动地发现使用产品的线索）和认知能力（用户能否理解产品所提供线索的含义）。对于简单的定性测试而言，一般需要4~10名被试，评估总结后得出一份设计改进清单。原型测试包括以下几个步骤。

第一，恰当利用原型表达产品设计理念，用故事板、草图、实物模型等适当的形式表达预期的真实使用情境。

第二，确定测试的内容、方式和情境，并与被试确定研究范围。测试过程可以通过录音、视频及拍照等方式记录下来，以便后期进行分析。

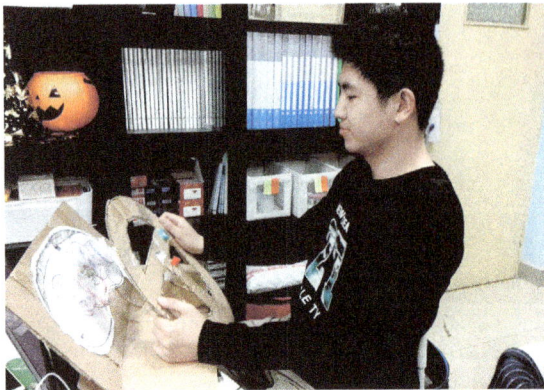

图2-24 用户使用快速原型进行测试

第三，拟定开放性的研究问题。例如，"用户如何使用这件产品"或"用户使用产品的过程是怎样的"。

第四，详细向被试说明用户所处的使用场景，并且简单介绍产品的功能。这些功能是易接受和理解的，并具有可操作性。

第五，对测试结果进行定性分析（分析用户对相关问题的回答等）及定量分析（计算被试完成任务的时间、错误完成任务的频率等）。

第六，根据测试结果改进设计。

二、原型测试的注意事项

① 在设计测试问题时，研究者需要将原型测试的问题集中在交互、逻辑正确与功能闭环上，而不是在原型的完成程度上。同时研究者要提醒被试关注产品的使用功能，而不是其完整性。

② 通常情况下，原型测试阶段不需要通过招聘渠道寻找被试，研究者可以利用自己的关系网寻找。测试的空间可以是开放的，也可以是私密的。如果资费紧张的话，也可以进行"游击式测试"（让路人快速做测试）。

③ 测试前要考虑保护被试的个人隐私。

④ 研究者需要有正确的研究态度，能够对问题进行客观的测试，同时要注意照顾被试的情感，表达不能咄咄逼人。

⑤ 测试时要注意提问的方式，在被试无法完成测试任务时，不要有消极的态度，要有耐心。

⑥ 有些原型测试需要请某些领域的专家进行评估，如市场营销专家或管理人员来测试。较小的采样也可能得出有效的评估结果。

⑦ 测试的过程要用视频或者录音记录，这对于后期的分析是非常必要的。

⑧ 测试结果的有效性会随着研究经验的积累而增加，所以尽量选择有经验的主试者做主导。

⑨ 可以预设几个研究者期望得到反馈的问题，但只能在测试结束后提出，不能因为被试提出的问题中断测试过程。

三、原型测试的局限性

原型测试的结果与被试的相关性很大，被试先前的经验和学习能力对测试的结果有很大的影响。因此，在挑选被试时需要关注被试的经验和学习能力。

每个被试使用产品的经验和能力背景都不一样，定量研究时很难保证客观地控制变量。原型测试应尽量邀请未参与或极少参与产品测试的人，因为熟悉项目的人容易受已知信息的左右而影响测试结果。

第二十节　视频故事

视频故事是将概念产品的使用方式、交互方式融入使用情境，帮助研究者将产品概念及其使用方法以视觉化的方式展示出来，进而视觉化地展示设计的用途、效果和意义。

需要准备的材料或工具：PPT、摄影机、手机、电脑、iMovie或PR等视频剪辑软件。

一、视频故事的使用方法

视频故事在真实的使用情境中展现设计方案中的产品或服务是如何解决用户痛点，满足用户需求的。

比起故事板，视频使用连续的画面，再与相应的音频和字幕搭配，提供直观的信息，具有强大的感染力。这种方法可以活灵活现地展示出产品或服务的工作方式和使用流程，动态和全方位地呈现产品的视觉造型。

此方法可以与用户画像、旅程图、故事板等方法结合使用。视频故事的制作包括如下五个步骤：第一，前期准备。准备视频故事所需的素材，制作分镜头脚本及剧本。第二，准备视频内容素材，准备好场地、产品、摄影机、产品等。第三，安排演员，根据剧本进行彩排。第四，拍摄影片。第五，后期制作，剪辑原片，增加特效、字幕、音乐或配音等。

二、视频故事的注意事项

① 在表达清晰的基础上，尽可能地突出设计的创意点。

② 在制作过程中，不断反思视频是否紧紧围绕产品特点、使用情境和服务内容展开。

③ 音乐能够带动观众的情绪。不同风格的音乐会改变视频的风格和传达的意义，也可以突出产品使用前后的变化。

④ 谨慎使用幽默元素。因为这可能会破坏影片的专业性。

⑤ 通过拍摄用户的特写，清晰地表达用户的表情，帮助影片传达情感。

⑥ 重视影片的开头与结尾。因为首因效应与近因效应，所以用户记忆最深刻的往往是这两个部分。

⑦ 注意把握视频的节奏与时间，通常以3~5分钟为宜。

⑧ 时间允许的情况下，在片尾展示演职人员名单，以示尊重。

三、视频故事的局限性

视频故事对研究者的技术水平有较高的要求。除了具备技术经验外，研究者也需要具备较强的叙事能力。研究者在制作视频故事时容易忽略视频的故事性，盲目地展示产品。另外，设备和技术的限制会导致拍出的作品质量不高。

第二十一节　商业模式图

商业模式描述企业创造、传递和获取价值的基本原理。商业模式图，也称为商业画布，是通过将影响产品或服务的商业组成元素可视化地呈现在图表上，从而使信息更加清晰的一种方法，如图2-25所示。商业模式图可以帮助研究者进一步探寻信息之间的联系与逻辑关系。

一、商业模式图的使用方法

商业模式图主要运用在用户研究结束之后和产品设计之初。对产品的商业模式进行规划和评估有利于帮助研究者或企业发现机会和缺陷，尽早对产品或服务进行迭代。

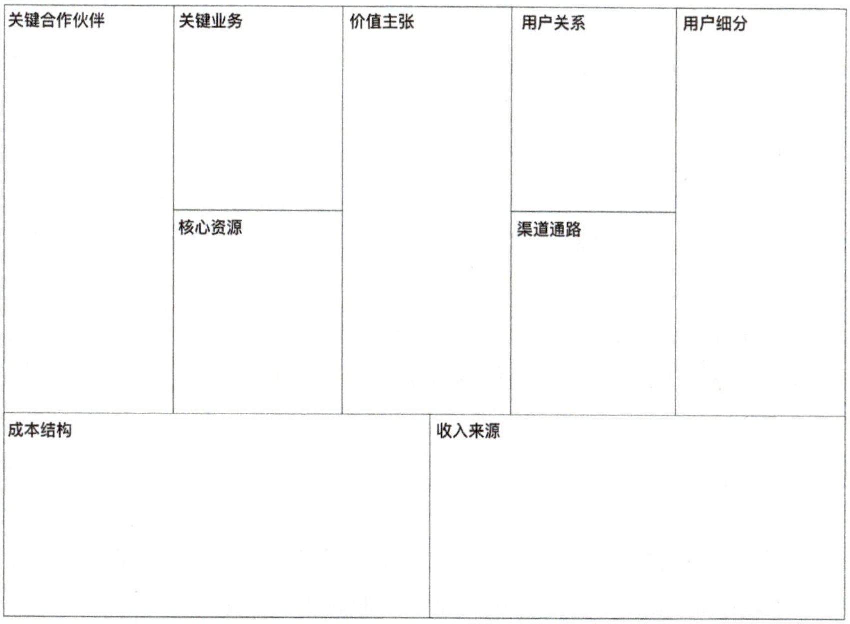

关键合作伙伴	关键业务	价值主张	用户关系	用户细分
	核心资源		渠道通路	
成本结构		收入来源		

图2-25　商业模式图

商业模式图从企业如何提供服务、提供什么服务、为谁提供、成本多少、收益多少的视角揭示企业的商业模式。企业的基础设施、提供物、用户和财务构成商业模式的基本框架。在使用商业模式图时，按照如下顺序填写图中的9个因素。

① 用户细分。企业所瞄准的消费群体，因具有某些共性而形成目标用户群体，使企业能够针对这一类人创造相应的价值。定义目标用户的过程被称为用户细分。

② 用户关系。产品或服务和目标用户应该建立一种什么样的关系，与不同的用户细分建立怎样的关系？

③ 价值主张。简单地讲，就是产品满足了用户怎样的需求、解决了怎样的痛点和为用户创造了什么样的价值。研究者可以将价值主张与用户细分、用户关系相联系，判断其是否具有一致性。

④ 关键业务。企业资源和业务活动的配置，包含产品研发与管理、市场营销与用户获取、职员雇佣等。

⑤ 渠道通路。如何通过沟通、接触用户来传达价值主张，并获得用户？一方面，考虑渠道通路是否能够涵盖所有的用户细分。另一方面，要考虑什么样的渠道的成本效益是最好的。

⑥ 收入来源。它明确了每种收入在总收入中的占比。首先，收入来源于什么地方；其次，吸引用户支付的原因是什么，以及该来源收入的占比的原因是什么；最后，用户是如何支付和想要通过什么方式进行支付的。

⑦ 核心资源。它是使商业模式进行有效运营的重要因素，主要包括资金、技术和人才。核心资源需要配合其他商业模式要素进行分析。例如，价值主张需要的核心资源是什么；渠道通路需要的核心资源是什么。

⑧ 关键合作伙伴。它包括产品从无到有的过程中所有关键的参与角色，包括需求方和供应商。另外，研究者还需要考虑关键合作伙伴所能提供的关键业务和资源。

⑨ 成本结构。它是产品运营阶段的花销构成及来源。研究者需要明确哪些核心资源和关键业务的花销最多。

二、商业模式图的注意事项

填写商业模式图的过程中，重点不是填写和展现信息，而是在这个过程中思考所有元素的联系与逻辑关系，确保商业模式图没有漏洞。

商业模式图可以配合SWOT分析使用，以便更加明确产品的优势、劣势、机会与威胁。

三、商业模式图的局限性

商业模式图把所有的信息浓缩在一张画布上，方便研究者查看信息，但是这张画布也局限了信息。相对于更加具体的商业计划书，商业模式图因为不够详细，所以只能在概念阶段进行使用。

总　结

本章分别讲述了用户研究过程中常用的21种方法：桌面调研、用户访谈、拼贴板、思维导图、影子观察、日记研究、问卷调查、焦点小组、用户画像、角色扮演、旅程图、故事板、头脑风暴、WWWWWH、HMW、象限分析、SWOT分析、快速原型、原型测试、视频故事和商业模式图。

需要说明的是，用户研究的方法有很多，用户研究的流程也具有多样性。所以用户研究需要根据不同的项目、情境、目的选择合适的方法和流程。同样，方法的使用也具有灵活性，可以根据使用方法的目的设计具体的实施步骤和制作工具。

　　上一章介绍了用户研究的方法和工具，这些方法和工具终究会应用在具体的项目中。本章将介绍4个真实案例，通过案例介绍各种用户研究方法的应用。

　　本章将首先介绍3个唐硕公司的典型案例，然后介绍1个由荷兰代尔夫特理工大学和易科（Exact）软件公司合作开展的校企项目，用真实的案例来介绍用户研究的方法。

　　唐硕公司是中国本土的用户体验咨询公司，是提供有关产品、服务与商业策略的咨询服务。它成立于2007年，公司总部设立在上海，并相继增设北京、深圳、台北3个分公司，现拥有60多位专职用户体验策略师、研究员和设计师，是一家集"体验战略咨询""用户研究"和"全渠道全触点服务体验设计"于一体的、国内首屈一指的提供品牌用户体验全流程咨询服务的公司。同时，唐硕公司还是全球用户研究网络①的唯一的中国公司。代尔夫特理工大学位于荷兰代尔夫特市，是荷兰历史悠久、规模较大、专业涉及范围广、综合性的理工大学，被誉为"欧洲的麻省理工"。易科软件公司是一家著名的提供企业资源计划、制造计划管理、物流管理、财务管理、薪资管理、客户关系管理以及电子商务软件解决方案的国际领导供应商。

---

① 全球用户研究网络定位于帮助用户更好、更高效地进行跨文化研究和评测，包括英国、美国、韩国、中国、印度、德国、俄罗斯、法国、意大利、土耳其、新西兰等国家的用户体验咨询机构。

第一节　有戏手机应用概念设计案例

有戏手机应用是唐硕公司团队为初入职场的演员和演员招募群体设计的一款应用软件，它致力于帮助年轻演员群体找到合适的职位，同时也帮助招募团队获得合适的演员人选。

一、方法流程

有戏手机应用的整体调研设计经历了三个聚合发散的阶段：第一个阶段通过用户访谈、竞品分析等方法理解用户需求，了解用户体验的现状，归纳用户场景及相应的需求，并通过分析聚合定义目标用户，选取机会场景，定义设计目标及核心原则，选取设计的切入角度；第二个阶段首先根据前一阶段不同的切入角度，围绕目标用户的核心需求及设计目标进行设计方向的发散，然后将发散出的设计方向进行组合与筛选，定义清晰具体的设计概念；第三个阶段针对概念进行功能的深化发散，获取具体的功能列表，最后设计功能的组合筛选及界面化，如图3-1所示。

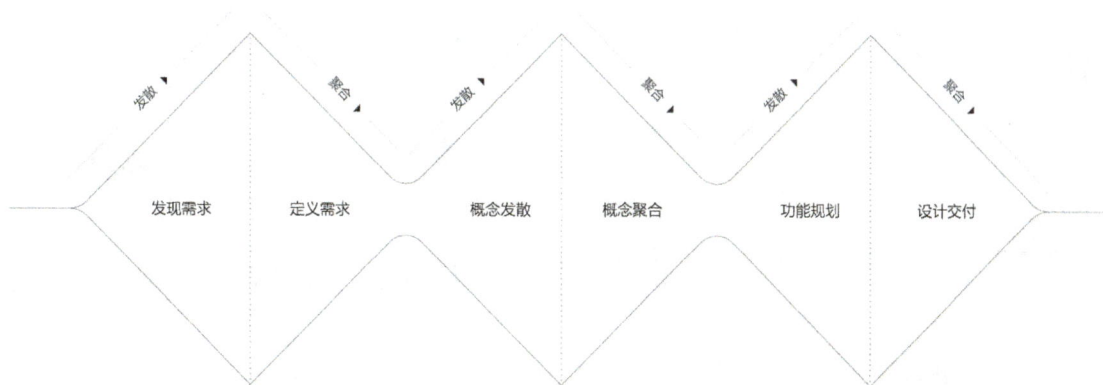

发散　聚合　发散　聚合　发散　聚合

发现需求　定义需求　概念发散　概念聚合　功能规划　设计交付

图3-1 有戏手机应用的设计流程

二、用户研究

用户研究是产品设计的基础。据此，唐硕公司团队快速展开了用户研究工作，并根据用户调研结果确定了产品的设计目标。

（一）用户访谈及分析

针对有戏手机应用的定位，唐硕公司团队首先开展了用户访谈工作。访谈对象有17名，涉及三类目标用户群体，包括6位招募者、7位求职者和4位粉丝。访谈后，团队对访谈结果进行了整理和分析，总结归纳了访谈中的关键点，并对用户进行了分类，据此创建了人物画像。

根据访谈结果，团队分别找出了招募者和求职者对应的关于招募和求职时考虑的相关维度，如图3-2所示，并通过求职渠道和职业经验两个维度建立C-box图，如图3-3所示，将不同类型的用户放在相应的位置，以此定义有戏手机应用的目标用户。

（二）用户画像

通过C-box图，团队将手机应用的目标用户初步划分为四类：初出茅庐的小导演、有艺术追求的资深导演、有理想的在校生和有明星梦的小咖，并围绕这四类用户建立了用户画像，如图3-4、图3-5、图3-6、图3-7所示。

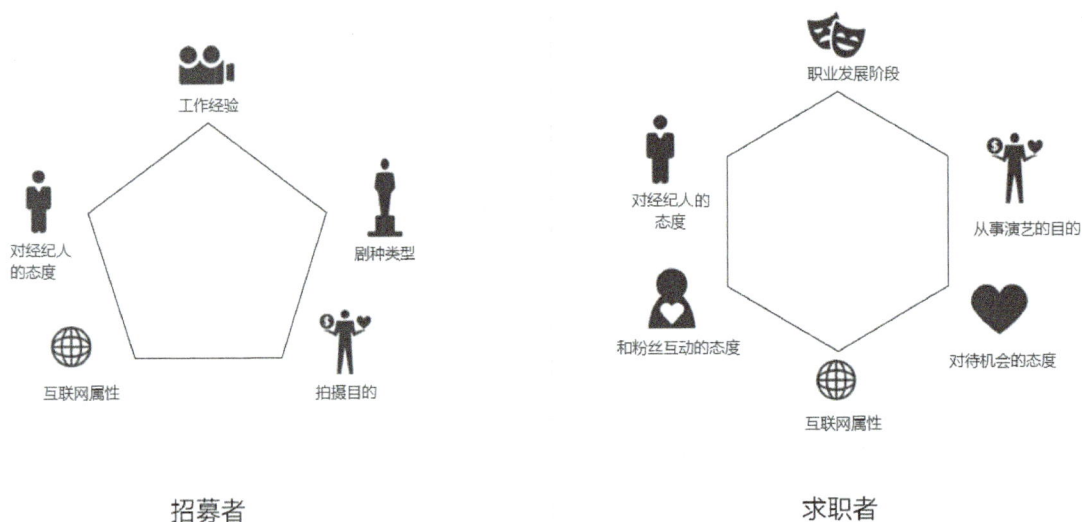

图3-2 定义维度

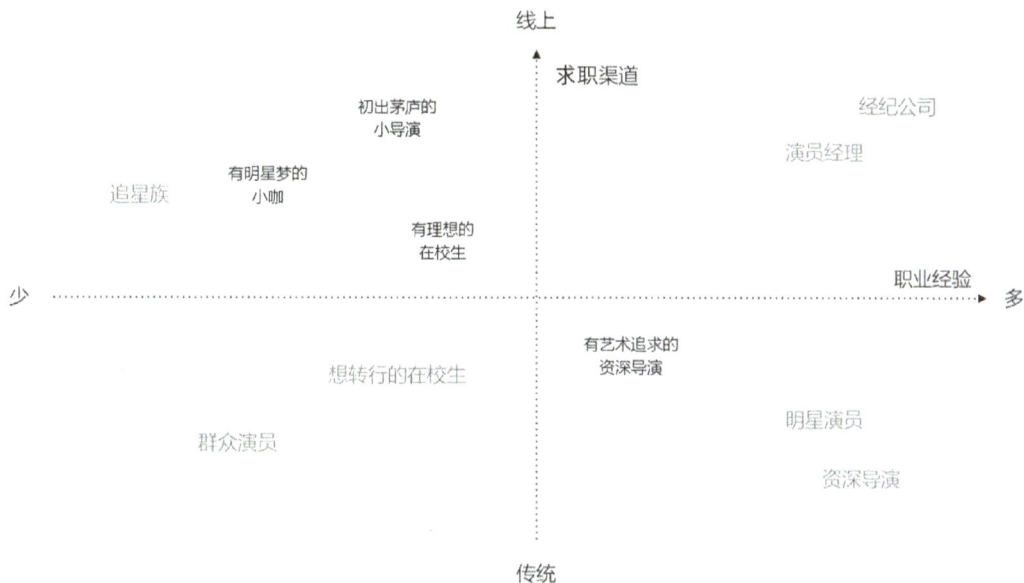

图3-3 目标用户定位

初出茅庐的小导演

典型特征
- 资历不深，有很多好的拍摄点子，对拍片有自己的追求和梦想，但是也要赚钱糊口
- 人脉有限+资金有限→资源有限
- 喜欢创造新东西，也喜欢尝试新东西

典型语录
- 形象是最关键的；当我拿到别人的剧本的时候，脑子里已经有一个固定形象了，就是去找一个和脑海里的形象无限接近的演员
- 演员的时间很珍贵
- 微信更亲密一点，微博的虚假度太高。
- 成本要控制得非常低，所以现在都是通过私人关系来招募演员

核心需求
- 寻找投资人
- 低成本招募理想演员
- 找到客户想要的演员
- 紧急招募剧组成员（灯光师等）
- 寻找拍摄场地
- 管理拍摄时间表

图3-4 初出茅庐的小导演

有艺术追求的资深导演

典型特征

- 对演员和自身都有很高的要求
- 平常工作很忙，时间主要分配在排片和提高自身素养上
- 筹拍的电影往往会受到很多人的追捧

典型语录

- 一部剧需要编剧、导演和演员三方都凝聚在一起，这样才有可能产生好的作品
- 演员串剧组是非常不专业的行为，因为每个人的精力是有限的；我曾因为知道演员串剧组了，开除了两个演员
- 演员的素养也非常重要，如会提前到片场做准备，在其他演员准备好前已经做好准备，而且在排练的时候会主动推敲
- 现在的一些演员书看得少，理解力和表达能力都非常不够

核心需求

- 寻找编剧
- 挖掘新人
- 找到符合自己需要的演员

图3-5 有艺术追求的资深导演

有理想的在校生

典型特征

- 对自身有较高的要求，但课外寻找演出机会的时间有限
- 会通过各类渠道获取观众对自己表演的反馈，渴望寻找演出机会并不断提升自己
- 经历过面试骗局，渴望招募信息的真实性

典型语录

- 演员很希望观众来爱他
- 这个平台有保障，导演有实力，剧是真实的，公司是有潜力的

核心需求

- 寻找和甄别适合自己的机会
- 关注自我的成长

图3-6 有理想的在校生

有明星梦的小咖

典型特征
- 因热爱表演而选择进入演艺界
- 因没有接受过专业训练而在演艺路上迷茫
- 渴望有经纪人

典型语录
- 如果没有学过表演，很多内心的东西很难融入表演
- 想要一个经纪人帮我筛选演出机会，最好直接推荐

核心需求
- 了解如何进入演艺圈
- 对自己的演艺生涯进行规划
- 对收益的保障

图3-7 有明星梦的小咖

根据用户画像对四类用户再次进行理解和分析后，团队发现缺少渠道的行业新生群体对于新事物的接受能力较强，也是此应用最容易切入的用户群体。于是唐硕公司团队排除了资深导演群体，决定首先为行业的新生力量解决供需问题，进一步细化并最终确定了手机应用针对的核心用户：初出茅庐的小导演、有理想的在校生、有明星梦的小咖，如图3-8所示。

（三）设计目标

确定核心用户后，唐硕公司团队开始着手确定产品的设计目标，如图3-9所示。在理想状态下，求职者和招募者的关系应当如图3-10所示，处于一种稳定的供求关系。但是目前市场的行业现状却如图3-11所示，求职招募的渠道中存在着各种不同情况的坏现象，导致供求关系出现了信任危机。

在这样的市场环境下，唐硕公司团队希望能够重建一个真实、透明、有保障的平台，通过口碑聚集人气，建立求职者和招募者之间的良性循环关系，如图3-12所示，形成图3-13所示的"有戏"生态圈。

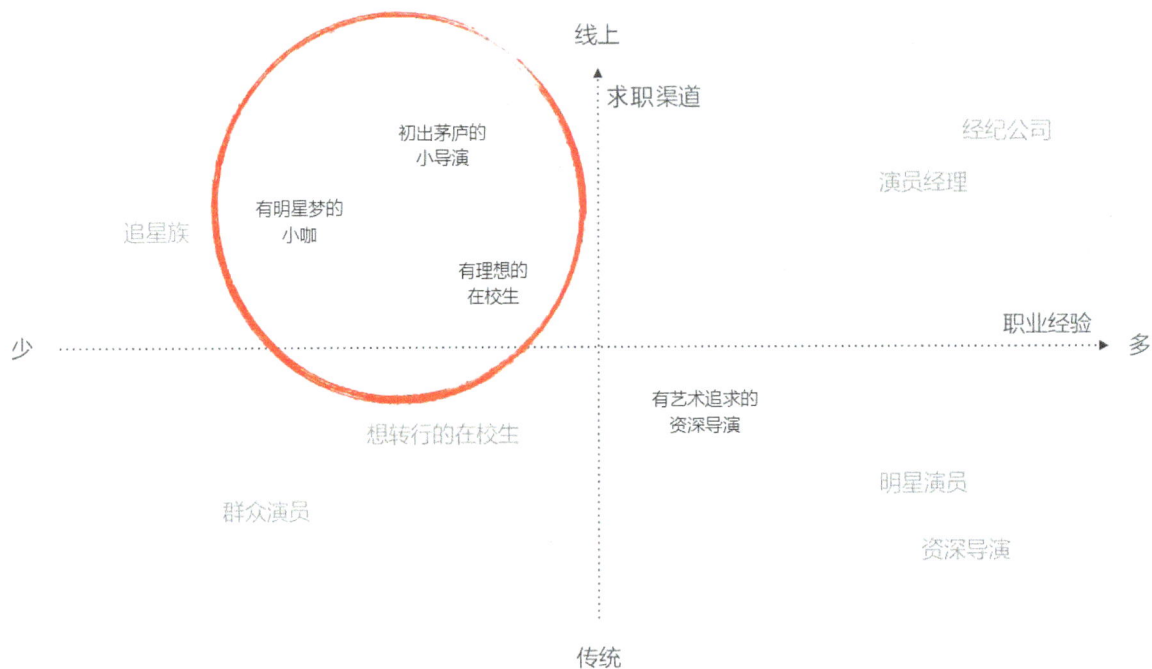

图3-8 核心用户

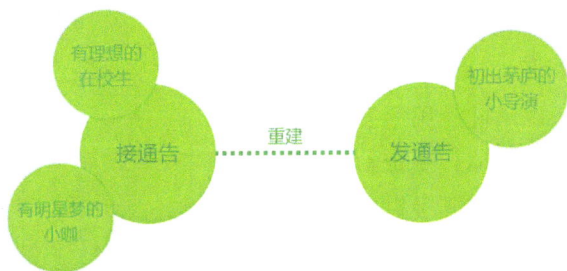

图3-9 设计目标

图3-10 理想状态

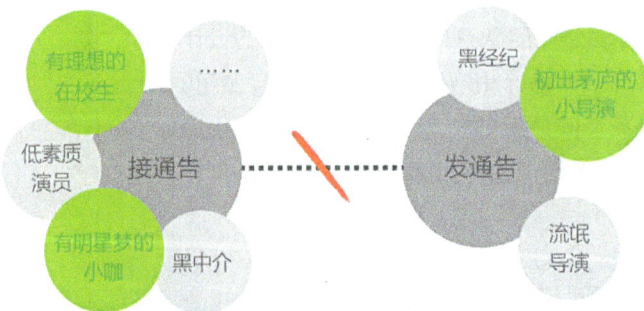

图3-11 市场的行业现状

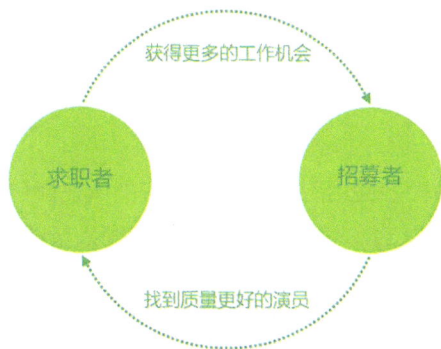

图3-12 良性循环关系

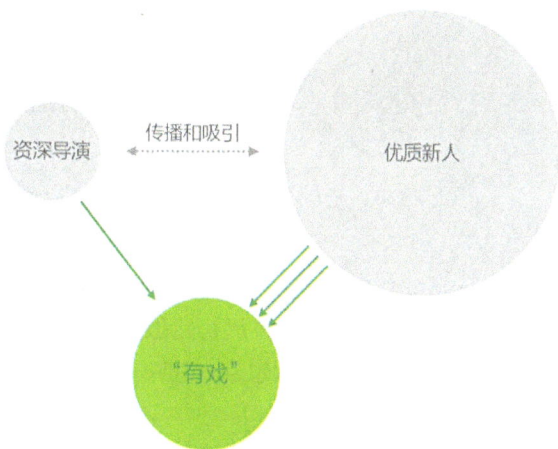

图3-13 "有戏"生态圈

三、产品定位

在进行用户研究后，唐硕公司团队确定了有戏手机应用的设计目标：首先帮助行业新生力量解决供需问题。但想要达成这一目标，仍需要引入行业中一些有影响力的人来带动平台的活跃度。于是唐硕公司团队考虑通过加入"明星"和"资深导演"这两类影响力群体来吸引目标用户，如图3-14所示。

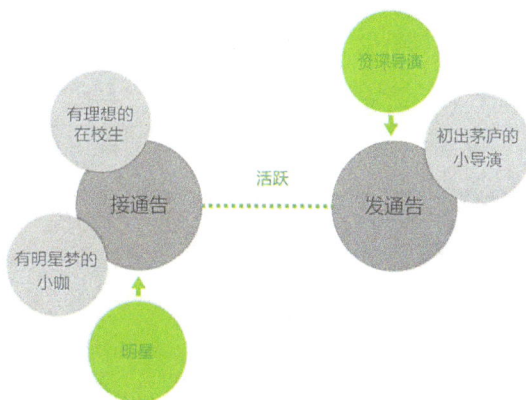

图3-14 吸引目标用户

当把一个新产品呈现给用户的时候，用户会留下怎样的第一印象？围绕这个点，团队也思考了其他会影响到用户对产品的使用度的问题。如图3-15所示，用户在拿到新产品后，首先会考虑这个平台的用途、功能，资源的数量、质量和有效性，以及用户的数量和活跃度。针对这三个维度，团队分析了市场上已有的一些竞品，并对它们的现状进行了总结。

通过竞品分析发现，目前市场上近似产品的设计都遵循一个普遍的趋势：大多数的企业都想要设计一个大而全的产品，但发挥的效果却往往适得其反。这些产品在功能上的分类过于细致，使用户往往难以找到想要的功能，而

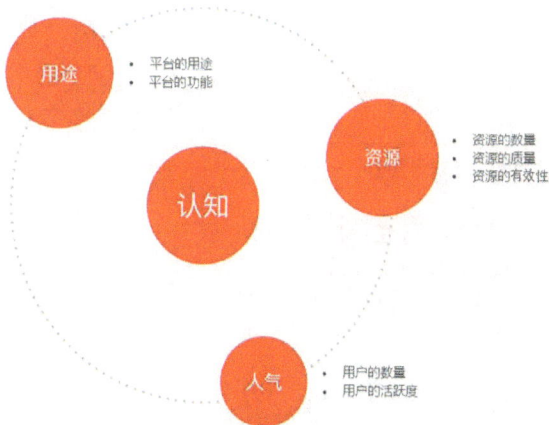

图3-15 维度分析

且资源少，受欢迎度低，难以满足用户需求。

总结了这些经验教训后，唐硕公司团队最终决定以小切入，在迭代中逐渐实现用户渗透及功能深耕——"有戏1.0"到"有戏3.0"的思想应运而生。

（一）"有戏1.0"——一个好用的招募工具

1. 用户范围

"有戏1.0"属于手机应用的初始使用阶段。目标用户群体主要包括研究最初定位的三类核心用户群体：青年导演、在校学生和刚入行的小咖，如图3-16所示。

2. 产品功能

"有戏1.0"希望以工具的形式推出，来弥补资源上的不足。产品的功能设计参照从招募、面试到开拍、后续的整个流程，每一个环节都有相应的功能，如图3-17所示。

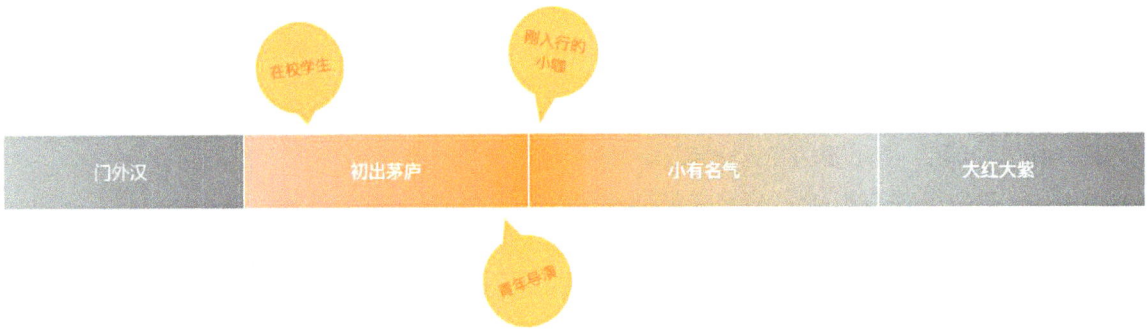

图3-16 "有戏1.0"的用户范围

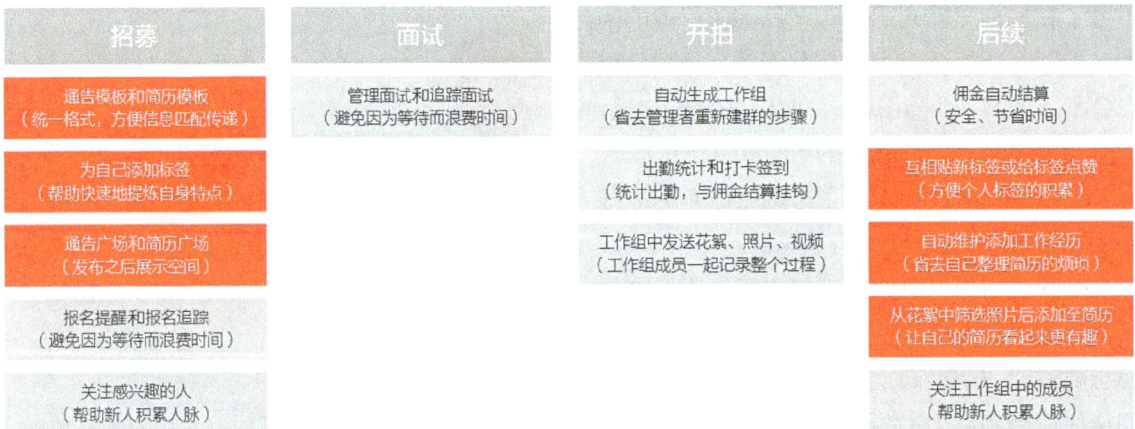

图3-17 通告和简历的功能

"有戏1.0"设置了最基本的"通知"和"简历"功能，通过"标签""通告广场"等一系列的功能点帮助新人用户更好地完善简历，并快速找到通告。同时，1.0的功能中还添加了许多小工具，方便用户的使用，从而弥补最初阶段中资源的不足，如图3-18所示。

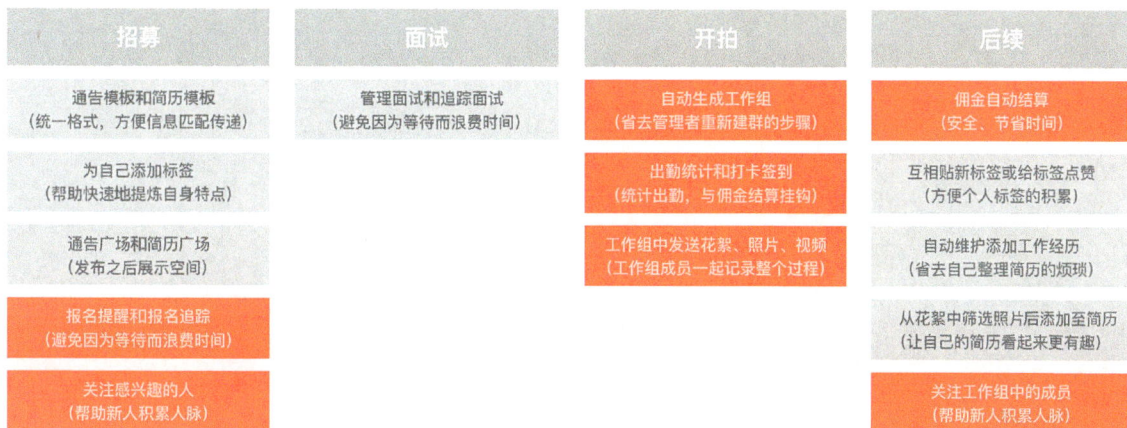

招募	面试	开拍	后续
通告模板和简历模板 （统一格式，方便信息匹配传递）	管理面试和追踪面试 （避免因为等待而浪费时间）	自动生成工作组 （省去管理者重新建群的步骤）	佣金自动结算 （安全、节省时间）
为自己添加标签 （帮助快速地提炼自身特点）		出勤统计和打卡签到 （统计出勤，与佣金结算挂钩）	互相贴新标签或给标签点赞 （方便个人标签的积累）
通告广场和简历广场 （发布之后展示空间）		工作组中发送花絮、照片、视频 （工作组成员一起记录整个过程）	自动维护添加工作经历 （省去自己整理简历的烦琐）
报名提醒和报名追踪 （避免因为等待而浪费时间）			从花絮中筛选照片后添加至简历 （让自己的简历看起来更有趣）
关注感兴趣的人 （帮助新人积累人脉）			关注工作组中的成员 （帮助新人积累人脉）

图3-18 小工具

3. 交互原型

"有戏1.0"的交互原型以信息广场为核心，首页的视觉焦点部分以"通告"和"演员"信息为核心，实现信息的最大化，使用户可以快速地找到想要的内容，如图3-19所示。

（二）"有戏2.0"——一个可以提供个性化招募服务的平台

当积累了一定的用户数据后，平台的服务也可以变得更具有针对性。"有戏2.0"的目标就是要提供一个更为个性化的招募平台。

1. 用户范围

随着"有戏1.0"用户数据的累积，他们的招募体验将会达到极致，更具个性化，同时他们的成长和口碑传播也会吸引圈内更多用户的

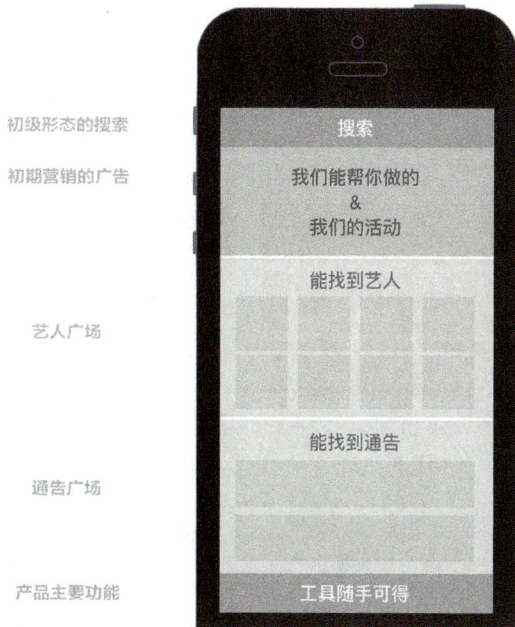

初级形态的搜索
初期营销的广告
艺人广场
通告广场
产品主要功能

搜索
我们能帮你做的
&
我们的活动
能找到艺人
能找到通告
工具随手可得

图3-19 "有戏1.0"的界面设计草图

进入，"有戏2.0"的用户范围也会随之扩大，如图3-20所示。

2. 产品功能

"有戏2.0"在1.0的基础上，更加强调了个性化的服务体系，可以利用大数据和标签的功能互相推荐最为合适的人选，也会为面试艺人提供保险，保障权益，如图3-21所示。同时，"有戏2.0"还添加了"评价"和"推荐"的功能，帮助用户提高自身的受欢迎度等，如图3-22所示。

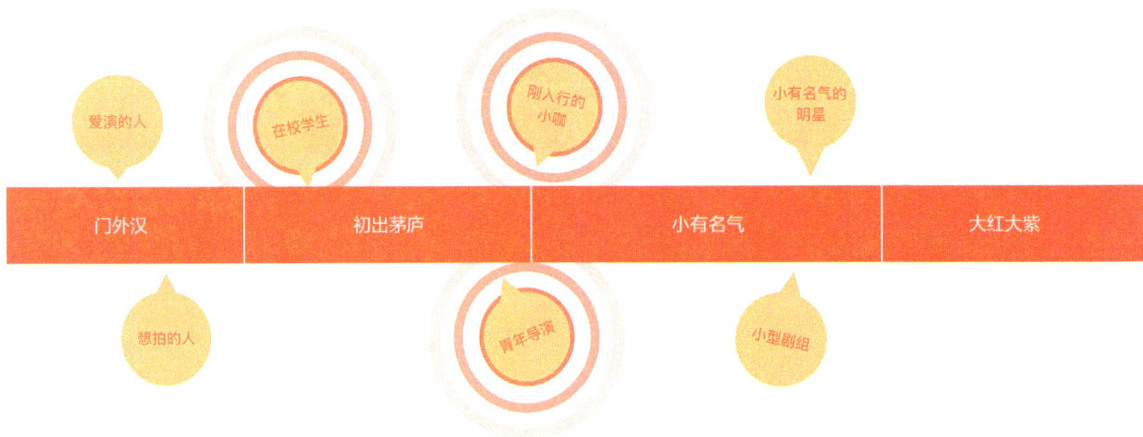

图3-20 "有戏2.0"的用户范围

图3-21 个性化服务

招募	面试	开拍	后续
发布通告时添加标签，推荐合适人选 （利用大数据提高招募效率）	面试保险 （为面试艺人提供权益保障）		评价艺人或招募者的作品 （帮助用户提高，满足成就感）
按标签搜索 （更精准、更方便的搜索体验）			关注喜欢的艺人或招募者 （随时获得喜欢的人的新动态）
根据个人标签推荐通告 （更方便地获得工作机会）			展示热门用户的剧照或视频 （为用户提供展示自我的空间）
招募/被招募时根据受欢迎度排序 （受欢迎度越高，机会会越多）			
通告模板和简历模板 （统一格式，方便信息匹配传递）	管理面试和追踪面试 （避免因为等待而浪费时间）	自动生成工作组 （省去管理者重新建群的步骤）	佣金自动结算 （安全、节省时间）
为自己添加标签 （帮助快速地提炼自身特点）		出勤统计和打卡签到 （统计出勤，与佣金结算挂钩）	互相贴新标签或给标签点赞 （方便个人标签的积累）
通告广场和简历广场 （发布之后展示空间）		工作组中发送花絮、照片、视频 （工作组成员一起记录整个过程）	自动维护添加工作经历 （省去自己整理简历的烦琐）

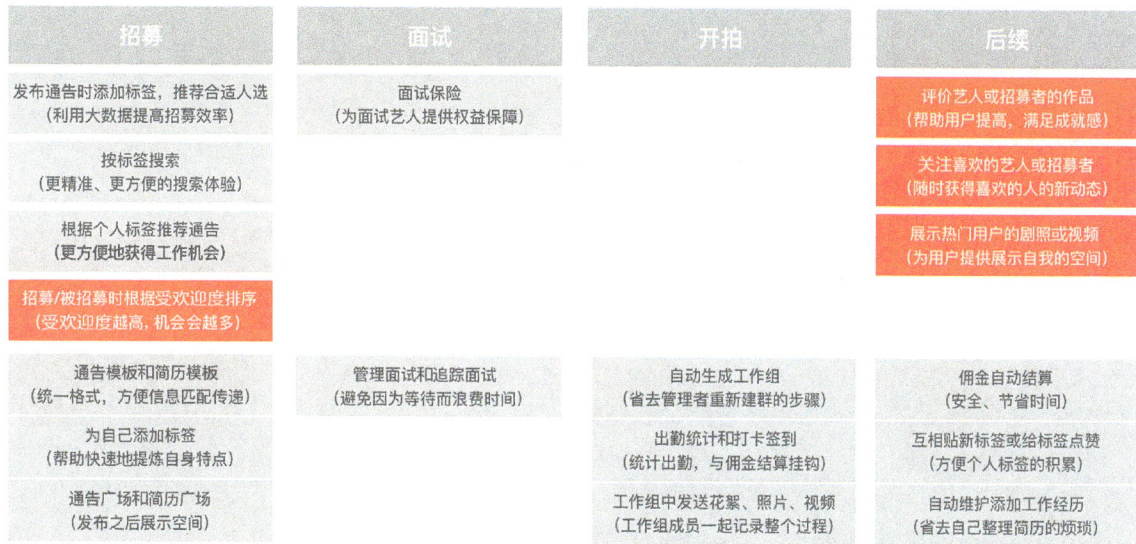

图3-22 评价和推荐的功能

初级形态的搜索

主动包装活跃用户的活动

适当弱化的广场入口

为用户提供展示自己的空间

工具属性仍然保持

图3-23 "有戏2.0"的界面设计草图

3. 交互原型

2.0版本相对于1.0版本突出了"极致服务"的设计理念，增加"个性化"搜索等功能栏，同时将内容的信息层级降低，放置在了第二层。首页更多的是功能入口，如图3-23所示。基于大数据的运营内容会呈现在首页上以提升用户黏性。

（三）"有戏3.0"——全民都有戏

有戏手机应用在演艺圈积累了一定的影响力时，唐硕公司团队希望在3.0的迭代中大胆地尝试更多的新的可能性。

从"有戏2.0"开始，手机应用的用户将逐渐扩展至整个演艺圈，如图3-24所示。同时借助演艺圈的力量，手机应用也会吸引到更多的相关用户，如粉丝群体、投资人群体和普通人。这也为3.0版本的功能提供了更多的可能性，如图3-25所示。

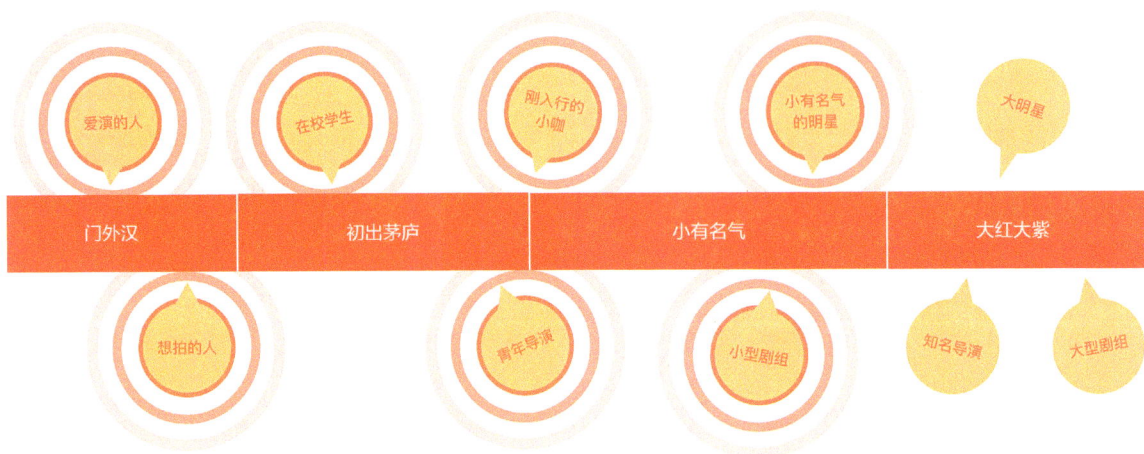

图3-24 "有戏3.0"进一步拓展用户范围

成为明星和粉丝互动的平台	人人都能拍	演艺圈的Kickstarter
丰富的用户动态和片场花絮	能将脑洞变为现实的平台	获得受欢迎度，证明作品的受欢迎度
去给喜欢的用户当路人甲	业余的普通人也有上镜的机会	获得资源，找到廉价的资源，节省成本
支持喜欢的艺人或招募者	与专业人士一起成长	众筹或者吸引投资人的注意

图3-25 "有戏3.0"版本更多的可能功能

四、概念设计

在概念设计上，唐硕公司团队首先对1.0版本交付了设计方案，包括交互设计和视觉设计。

（一）交互设计

"有戏1.0"遵从"简单轻巧"的设计理念，帮助用户快速便捷地解决"简历传递"（帮助年轻演员群体投递简历，同时也方便招募群体招募演员），"剧组管理"（利用"面试"和"开拍"小工具帮助剧组更方便地进行管理），"个人维护"（利用"后续"小工具帮助演员更好地管理个人档案）的问题。

（二）视觉设计

"有戏1.0"的整体风格简约明快，层次清晰。它使用高饱和度色彩及强对比来强调服务行业的特性，同时起到强化内容、提升品质感的作用。

有戏手机应用的诞生经历了用户调研、产品设计概念生成、产品功能整合及设计实现三个步骤，全程以用户需求为导向，深刻地体现了产品研发过程中以用户为中心的设计理念。同时，有戏手机应用还通过竞品调研发现了市场上具有近似功能的手机应用的一个普遍缺陷：追求全面的产品功能，反而导致功能过于细致，使用户难以找到想要的功能。因而唐硕公司团队将产品的功能设计划分为三个阶段，循序渐进，逐步完善，最终得到了贴合市场及用户需求的设计方案。

第二节　小罐茶案例

小罐茶是唐硕公司于2016年产出的案例。在这一案例中，唐硕公司与小罐茶合作，致力于突破中国茶行业的瓶颈，打造专属于中国传统文化的零售茶产品。

一、前期调研

① 新零售：企业以互联网为依托，通过运用大数据、人工智能等先进技术手段，对商品的生产、流通与销售过程进行升级改造，进而重塑业态结构与生态圈，并对线上服务、线下体验和现代物流进行深度融合的零售新模式探索。

随着财富的积累和消费升级的愈演愈烈，人们不再满足于大众化的产品与服务，转而更加追求具有内涵的全面体验。换句话来说，人们愿意为美好的物质买单，更愿意探寻其背后美好的故事。在快速消费的语境下，传统零售依旧占据了市场的主要份额，但是现有的模式一定不是未来商业的发展方向，对于想要保持先进性和竞争力的企业而言，新零售①的探索与尝试已经起步。

（一）市场前景探索：新零售

什么是新零售？首先，新零售是分众的，它不是属于所有人的，而是属于小众的，新的"小而美"品牌正在不断分化市场。如何精准地细分市场，锁定目标用户群体，了解他们的需求，并挖掘潜在的商业机会，是零售时代更迭过程中的首要话题。唐硕公司基于对分众市场的理解，打通关键渠道，协调并重构内外部资源，为消费者带来全维度的最佳体验。

（二）市场现状及痛点

② Royal Blend：英国茶品牌，是福南梅森旗下的一款伯爵茶，深得中国人的喜爱。

作为茶文化的发源地，中国拥有浓厚的茶文化，却在品牌营销和影响力上不及英国红茶。不少年轻人会选择Royal Blend②作为早餐佐茶，却不习惯在饭后饮一杯普洱消油祛腻。目前中国茶市场上普遍存在四个问题：大型茶市有品类，无品牌，混乱且缺乏标准；超商连锁茶店严重同质化，低端且缺乏格调；特定茶种专卖店存在选购局限，营销缺乏互动；高档茶会所大多门槛高，让消费者望而却步。面对如此情况，小罐茶希望以新姿态打破消费者对于茶叶的传统印象，迎合未来市场的需求，让中国茶成为主流。

（三）用户聚焦——商务人士

先锋者（Early Adopter）指的是愿意尝鲜的消费者，他们的行为是先锋的、试验的并且能够引领时代的。我们所讨论的新零售语境下对于分众市场[①]的理解，就是针对这样一群人所进行的深入调研与精确分析。在小罐茶的项目中，了解分众市场显然是后期策略和设计的第一抓手。

小罐茶的品牌定位是高端商务茶，以满足待客送礼之需。所以40～50岁的商务人士成为第一批消费者，同时这群用户也构成现有市场的主要部分，如图3-26所示。然而，在未来，正在崛起的年轻用户群体才是挑战传统大众品牌的核心动力。这群人也就是先锋者，年龄在35～40岁，大多是白领精英、城市新贵，他们有一定的经济基础和消费能力，愿意接受新鲜事物和时尚文化，向往精致而有品质的生活，但对于中国茶不是足够了解。他们同样是小罐茶的核心目标用户。

二、全局角度的体验设计

在确定了目标用户群体之后，如何从全局的角度进行体验设计成为关键。

> ① 分众市场：针对某一特定的目标消费群体的核心需求细分产品功能，建立有针对性的消费市场。

图3-26 小罐茶的核心用户群体

（一）全局化设计让体验更美好

基于对分众市场的把握，唐硕公司团队从产品/服务、环境、传达和行为四个方面建立品牌形象，从物质和心理层面传达品牌价值，努力从多个维度连接品牌与消费者，如图3-27、图3-28所示。

（二）全新设计理念

目前，中国市场上并不缺好茶叶、好茶源，缺的是专业且贴心的茶商。小罐茶与同类产品最大的区别在于它通过"一罐一泡"的设计理念，轻松地解决了茶叶用量不准的问题。基于目标用户群体中的大部分人认同中国茶，但对于怎么喝却了解甚少，小罐茶独创食品级铝材小罐，充氮包装，在确保茶叶不吸味、不受潮、不氧化、不破碎和不老化的基础上，避免了消费者对于不同的茶一泡需要抓多少量产生的困惑。小罐茶

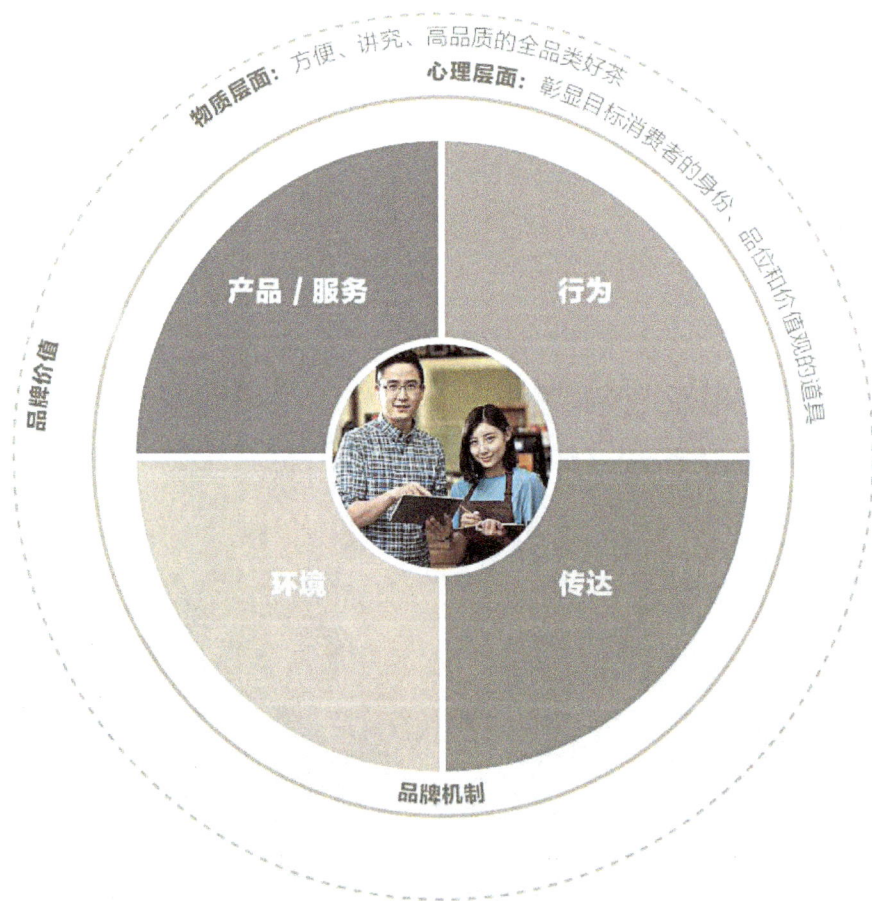

图3-27 全局化设计

产品/服务	环境	传达	行为

品牌原则

技术和艺术的平衡	感官体验	突出制茶师的技能和技巧的故事	故事
现代生活方式必备	体验茶的仪式	连接现代生活方式与茶的古文化传承	提供高端用户体验
把茶从一件商品转变为用户挚爱	天然真实的材料体现中国文化遗产		慷慨
	有层次感的空间创造探索发现感		不是交易，而是关系
	环境和产品之间的对比		制茶师
			同理心

结果

生活之必需	体验茶道过程	启发和精通	有助于建立社交

图3-28 维度分析

的妙处不仅仅在于优雅的外观，它教会了人们如何冲泡茶叶，重新定义了喝茶的方式。图3-29为小罐茶的原料。

（三）体验店设计

小罐茶体验店被形象化为一座现代化的"茶库"：入口处的透明巨幅玻璃旋转门营造了通天通地的建筑感，陈列展柜与LED显示屏升华了感官体验，多维度地颠覆了传统茶叶店在消费者心中的刻板印象。其中，茶吧区域的设

图3-29 小罐茶的原料

计采用高脚椅和木质案几让时尚与仪式感完美融合。小罐茶体验店通过空间层次和看、听、触、嗅、尝的五感体验让购买变得愉悦。图3-30展示的是小罐茶的开罐方式。

图3-30 小罐茶的开罐方式

（四）产品宣传

2016年10月，体验店开业当天，苹果首家体验店设计师蒂姆·科贝（Tim Kobe）、唐硕公司合伙人李宏和小罐茶副总裁于进江一起展开了主题为"一罐打破一贯：用苹果思维创新中国茶体验"的对话，并且在网易新闻和一直播同步进行直播。据统计，该活动共有210万名网友在线观看。除了直播以外，符合目标用户群体消费习惯的自媒体也是小罐茶传递品牌故事和价值的重要渠道，如逻辑思维、吴晓波频道等。通过多元化的新媒体平台和消费者的日常生活产生连接，是聪明的变革。

三、背后故事

小罐茶品牌的使命是创造一个全球公认的现代中国茶叶品牌。为了寻找中国最好的茶叶，团队开启了为期三年的探索之旅。深入中国各地茶园，整合中国茶的优势资源，最后精选并采集出8种具有代表性的茶叶。茶叶的栽培和加工过程由八位泰斗级的制茶大师亲自监制，力求打造较高品质的中国茶。不惜代价、用心酿造的企业行为背后是伟大的愿景和强烈的民族自豪感。小罐茶虽然"小"，却拥有其他同类产品缺乏的"大"格局：视中国传统茶文化的传承为己任，让中国茶成为世界的文化瑰宝。

天下大事，合久必分，分久必合，这是中国古老的智慧。伴随着快消品巨头的市场份额被不断稀释，新品牌逐渐壮大，零售正在经历从大众市场到分众市场的变革。然而，小众市场只是一个起点或者切入，它将不断延伸并最终成为主流。未来零售一定是由当下的新零售引领、成长而来的。如果说星巴克的诞生为20世纪90年代的美国社会引入了新的社交礼仪，那么小罐茶为当下中国增添了新的词汇。为了更远的目标，探索还在继续，我们拭目以待。

第三节　招商银行案例

2013年开始，传统金融服务经历着互联网金融与移动互联网的冲击和颠覆，整体格局与大环境已经不同于从前。在这种背景下，招商银行与唐硕公司展开合作，力图全方位提升招商银行的服务系统。

一、系统调研

唐硕公司首先从用户细分着手，了解招商银行的目标用户群体；其次从银行内部了解企业愿景、员工期待和未来趋势，多角度理解招商银行的服务理念和企业价值观。

（一）理解用户

招商银行庞大的服务系统在为哪些群体创造价值？唐硕公司对"用户的家庭收入、消费观念、支出情况""用户的消费水平及消费方式""用户的理财习惯""银行各渠道服务接入场景及使用习惯""用户的互联网使用习惯"等方面进行访谈分析，可以更加全面地理解用户。

在对用户进行了细致的访谈后，唐硕公司将招商银行的目标用户划分为三类群体："年轻中产""小微""金葵花"。"年轻中产"群体是年龄在35岁以下的普通城市居民，他们会办理诸如信用卡、借记卡、住房贷款等基础业务，同时他们对于新科技有较好的接受能力。这类群体规模很大，但是实际带来的营收较小。对于这类群体，采取银行自助式服务更加有效快捷。"小微"群体是指小微企业个体工商户，他们会频繁地在银行办理微型贷款（20万元以下），除此之外，会将自己生意流转过程中的剩余资金放在银行进行理财投资。"金葵花"群体是招商银行的高端用户群体。这类群体一般都比较注重服务效率，并且在享受高效服务的同时，希望与金融服务机构建立一定的深度联系，享受更加专业化的、定制化的服务。

同时，为了增加对用户的共情，唐硕公司对工作日和休息日内用户的金融行为进行了探索，如图3-31所示，并且描绘了用户在银行办理理财业务的全流程，挖掘在这一场景中用户可能会遇到的痛点，如图3-32所示。

（二）理解愿景、员工和趋势

唐硕公司分别通过员工工作坊、网点调研和国外网点调研的方法对招商银行的企业愿景、员工期待和未来趋势进行了理解与洞察，如图3-33所示。

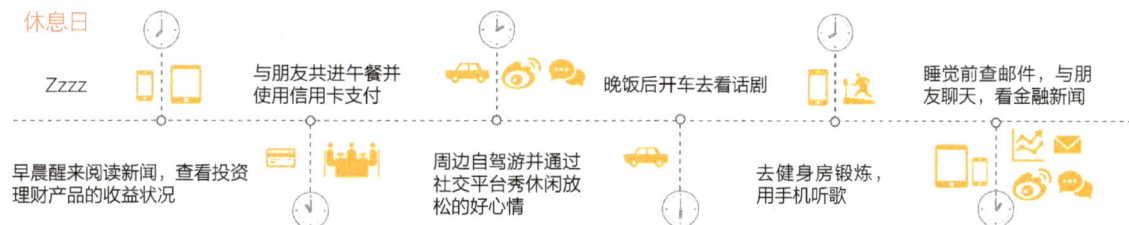

图3-31 用户金融行为探索

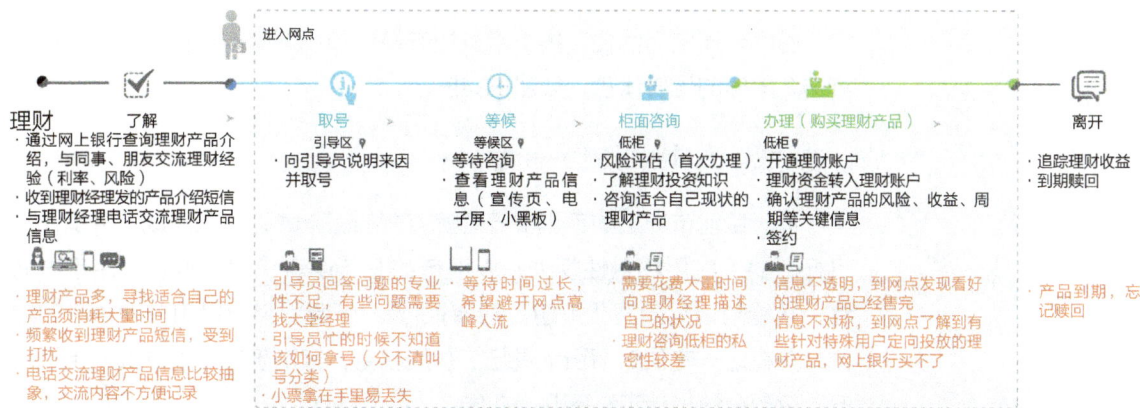

图3-32 用户办理理财业务的全流程图

零售产品推广室

品牌管理办公室

品牌与渠道管理室　　　监察保卫部

计财部　　分行行长　　战略发展部　　M+用户管理

电子银行室　　　　　运营管理部　　项目开发室　　总行行长　　资源配置办公室

业务管理室　　　　　　　　总经理（若干个）　　　　　　总行副行长

信息办公室　　　一线柜员　财富销售与用户管理

小微用户管理室　　　……

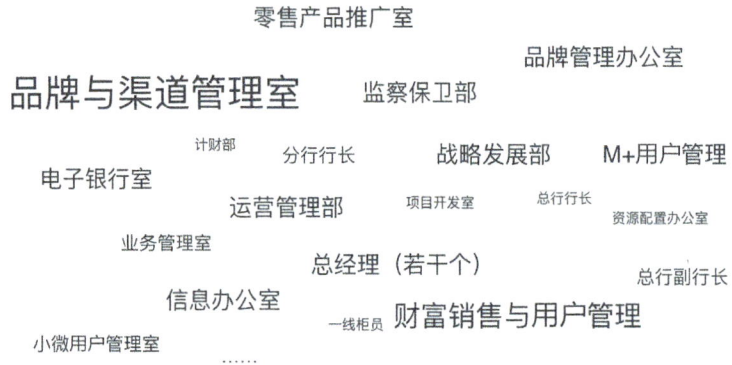

图3-33 理解愿景

二、系统规划

经过全面的调研后，唐硕公司开展了进一步的系统规划工作，分为三个阶段：系统生态规划、宏观体验渠道规划和体验流程规划。

在系统生态规划层面，唐硕公司为达到针对不同的用户群体提供不同的服务这一目标，提出设置三种不同的服务网点：专业理财服务网点、专业经商服务网点和迷你社区服务网点。

随后，唐硕公司通过服务蓝图的形式进行了宏观体验渠道规划，并根据设计的网点分布和体验渠道进行了体验流程规划。

三、多渠道设计

唐硕公司先后优化了线上手机银行设计和线下网点设计，力求给用户打造多渠道的优质体验，如图3-34所示。

（一）线上手机银行的功能设计

针对目前市场上的手机银行普遍存在的三个缺陷：以完成业务操作为目标，缺乏应用场景性规划；以银行的业务逻辑呈现，阻隔了使用流畅性；功能与视觉同质化严重。招商银行3.0版着重突出以用户为中心的定位，并在这一定位的指引下进行了功能创新，区别于市场上的其他手机银行。唐硕公司设计了以下几个功能。

图3-34 体验流程规划

第一，账户总览功能。用户在招商银行所有的资产负债信息将被非常清晰地呈现。在注册一网通并绑定一卡通或借记卡后，用户就可以很便捷地查看。各种银行卡均配以常用的功能入口，如转账汇款等，提升基础金融服务的易得性使得账户总览页面非常高效。

第二，理财日历功能。它的设计出发点是将用户的理财行为、状态与日历有机结合起来，成为用户日常理财的消息中心。从用户主动地查询理财是否到期和信贷还款日等，到系统自动将相关信息推送给用户的智能化转变，用户将了解到理财产品、信用卡还款等提醒，并可以进行相关快捷操作。这看似简单的一步，实质上是从"提醒"到"建议"的转变。

第三，我的财富功能。用户在招商银行的财富状况同样是一目了然。在旧版设计中，用户查询总财富状况需要经过复杂的路径，在不同频道中切换才能够知晓自己财富的一部分情况。3.0版的设计使用户更全面、更方便地了解并管理自己的财富。该版本虽然在概念和呈现上极为简单，但这背后需要复杂的技术支撑：整合后台，将不同系统中的数据都集中呈现。正是在设计、产品、业务、渠道与开发的多方协作下，该版本才能够在较短的周期内完成这一创新。财富状况的清晰展现不是终点，后续更多的功能与服务，都将以用户的视角打通数据。

（二）线上手机银行的界面设计

在招商手机银行的界面设计上，唐硕公司建立了全新的视觉传达风格，在概念、入口、表意与提示等方面重新定义，分类图标，在图形、色彩等多个维度上建立了完整的体系，对所有120多个图标进行重新设计，从而在达意性、可识别性与一致性上都有良好的提升，同时更便于辨识与记忆，配合新版的页面布局和交互体验，使得整体更加美观简约，如图3-35、图3-36、图3-37所示。

（三）线下网点设计

唐硕公司在招商银行原有的"三区合一"

的基础上提出了"四区联动"的设计理念。招商银行通过身份识别系统分辨用户身份，预测用户业务需求，由大堂经理主动引导填单区、等待区、电子银行体验区和销售区的用户群体，实现动态服务分流，解决用户办理银行业务需要长时排队的问题。这个概念并不是将几个功能区在物理空间上简单合并，而是设置了一个核心联动区，通过人工引导、数字化工具配合等手段，实现多个功能区的有机联动，如图3-38、图3-39、图3-40所示。

图3-35 招商手机银行3.0 icon设计

图3-36 招商手机银行3.0版

图3-37 招商手机银行4.0版

"三区合一"体验现状

当前设计的"三区合一"功能没有得到理想发挥

· 新网点体验区设计不能很好地承载体验区、填单区、等候区"三区合一"的功能；不能满足各区域用户的需求

· 体验区

在体验区，尤其是网银体验区，用户对操作的私密性有一定要求，目前的设计完全开放，私密性较差，用户体验时容易产生安全顾虑；同时，用户在体验操作时经常需要相关人员的引导，目前的设计不方便工作人员进行操作引导

· 等候区

用户在等候时的动作具有多样性，有些用户需要与业务人员进行交流、咨询；有些用户喜欢操作自己的手机来休闲放松；有些用户需要处理接打电话等急事；目前的等候区只能让用户操作电子设备进行体验，不方便用户处理其他事情

· 填单区

目前用户电子填单的习惯还需要培养，当前网点引导员对电子填单的引导不足，填单器使用率低；用户担心在开放区域填写个人信息的隐秘性不足，会泄露个人信息

图3-38 "三区合一"体验现状

"四区联动"打造体验核心区

填单区 / 等待区 / 电子银行体验区 / 销售区
根据用户需求，进一步服务分流

分流原则

1. 自助办理引导，降低柜面的排队压力
2. 预办理引导（填单等），减少柜面的操作时间
3. 用户潜力识别，创造销售机会
4. 基础结算业务的电子渠道行为培养，提升网点服务价值

用户体验动线示意

· 用户1：等待—办理（低柜）
· 用户2：等待—电子银行体验—办理（高柜）
· 用户3：等待—（接受引导及协助）—自助办理（自助服务区）
· 用户4：等待—（接受引导及协助）—预办理（填单区）—办理（高柜）
· 用户5：等待—自娱自乐
· 用户6：等待—交流（与大堂经理）
· 用户7及用户8：等待—交流（用户与用户）

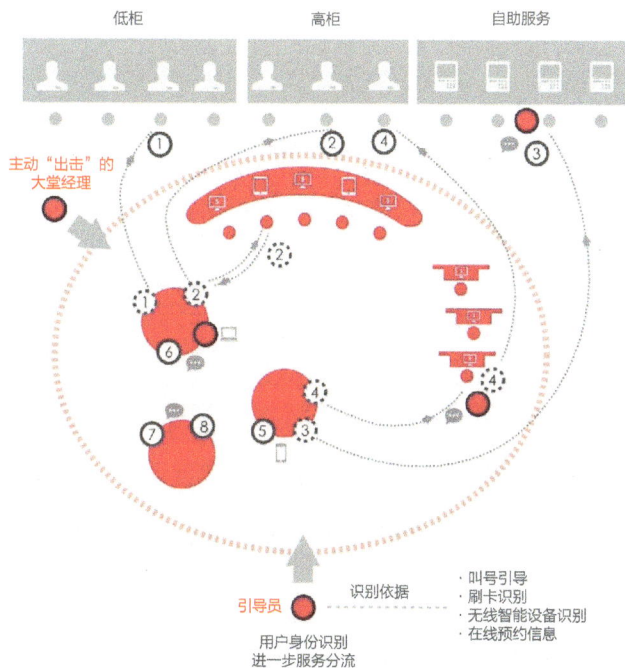

图3-39 "四区联动"设计理念

115

图3-40 网点空间设计

　　本案例从理解用户入手，充分调研招商银行典型用户群体的需求与痛点，并结合企业愿景、员工期待和未来趋势对银行服务进行了系统规划。可以说，招商银行与唐硕公司的合作案例很好地展现了传统企业在用户体验领域上的一大尝试，也是线下营业模式与线上手机应用有机结合的体现。

第四节　易科软件公司交互服务设计案例

　　本节将会介绍代尔夫特理工大学与荷兰易科软件公司合作的交互服务设计案例。该项目是荷兰服务设计CRISP（Creative Industry Scientific Programme，CRISP）项目平台的一部分，目的是为合作企业量身打造品牌形象。

一、初始概念

　　易科软件公司想为新启用的总部大楼设计一款实体交互产品。主题围绕着"让员工和访客们参与到一个协作性活动中"这一概念展开，同时设计概念还需要体现企业品牌特征，这与其新总部大楼设计背后所蕴含的概念息息相关。大楼用宽敞的空间、开放的办公区、充足的阳光表达出"一幢透明的、看得见、进得去的大厦，它为公司的过去和未来搭建了桥梁"。大楼由中部空间巨大的管理区和两个全功能开放式办公区组成。两个办公区分别在大楼两侧，中间设有透明围墙，使中庭全天阳光充足。中庭还设有一个休息区域，设有咖啡区和餐厅，停车场位于地下。这样的设计不禁让人自如地走进大楼一探究竟，体现员工之间没有等级界限这一公司概念，如图3-41所示。

图3-41　易科软件公司总部大楼中庭及咨询台

二、概念设计与迭代

设计团队的成员们，实地走访了易科软件公司的总部大楼，观察大楼内用户的行为旅程，进行用户访谈，充分了解空间的使用者。团队希望能够吸引人们的关注，做出有趣的设计。但是对于一个办公情境来说，如何让员工在有趣的环境中完成工作，又不会使空间成为一个大型"游乐园"，是一个很难平衡的设计点。为了更好地考虑这些问题，团队通过制作一个罗列着包括结构设计、用户特性、品牌标志等基本内容的列表，并通过一系列的头脑风暴，对整个设计提出了许多不同的想法。

（一）初始方案

在最初的设计方案中，团队从"什么能引发人与人之间以及人与情境之间产生交互"这一问题出发，提出了移动光幕的概念。在这一概念中，人们从正门进入中庭的时候，光幕上的帘线向上移动，能够创造出更强烈的惊人效果。通过的人越密集，光幕反射的光的强度越高。围绕这个想法，团队的成员制作并测试原型产品，发现产品使用的电机噪声太大，这让员工心烦意乱。而且，由于中庭长时间日照充足，光影效果很可能不好，因此团队又开始新一轮的产品概念设计。

（二）迭代方案

在迭代方案中，团队重新审视"以一个交互的方式去开发大楼"这一理念，通过新一轮的调研，团队成员们发现易科软件公司的产品博客在广大员工和用户之间非常流行。如果可以把博客作为设计的一个部分，会让人们对大楼本身有更多的了解，也会对大楼中所发生的事件和大楼中工作的人员有更多的了解。当人们对博客开始留言评论的时候，这就是一种协作性活动，通过这种活动，每位员工和来访者都能参与进来。因此，"使用随时变化的内容"成为团队设计概念的重要因素之一。

三、技术实现

增强现实技术被运用到了设计方案中，以便让更多的人更轻松地参与交互。

图3-42是使用增强现实技术合并在一起的两张图片。结合绿幕技术将摄像头或镜头实时捕捉到的画面置于底层背景之上，合成整体。

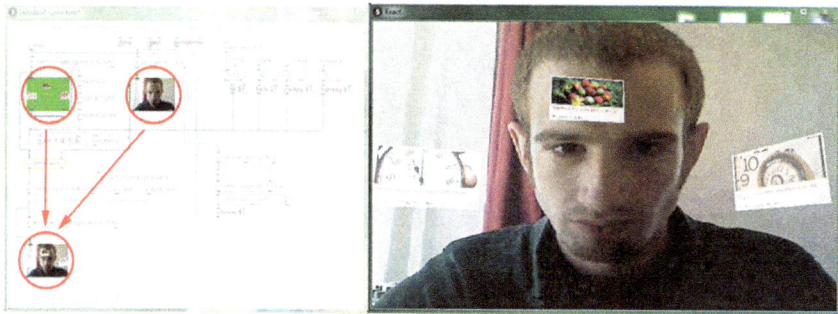

图3-42 增强现实技术链接的博客帖子和真实视频输入

为了测量相机的运动，团队考虑到的技术工具涉及电位器、光学编码器、加速器和陀螺仪。团队最初考虑使用苹果公司生产的iPhone作为产品原型的输入设备，它囊括了此次设计的全部必要测量设备。但对于一个测量设备来说，iPhone的价格太过昂贵。最终，团队选择使用一个带轨迹球的老式USB鼠标替代iPhone。不论iPhone还是鼠标，它们都配有非常准确的光学编码器，能够胜任产品原型的输入任务。

四、用户测试及产品原型

确认产品的设计概念和技术实现方案后，团队通过邀请用户进行测试，并完成最终的原型制作和用户评估工作。

（一）用户测试

团队邀请用户在公司不同的大楼里进行测试，这些大楼都具备大面积的中庭，在空间范围上和易科软件公司的总部大楼趋于一致，带给用户的视觉感受和情绪变化也趋于一致。最终，团队采用望远镜（Spyglass）让用户进行测试，如图3-43所示。团队在公司大楼的中庭放置多个望远镜，其中一个放置在面向中庭咨询台的前面，以便等待身份验证的用户进行体验；另一个放置在阳台，以便于员工日常体验。

（二）设计描述

在产品的设计上，团队希望用望远镜作为易科软件公司和人之间交互的一个媒介，使来访者和员工能够通过增强现实技术来体验新的总部大楼。通过望远镜探索大楼，用户可以看到员工所在部门的名称，咖啡

图3-43 用户测试

区和餐厅的每日菜单，以及频繁更新的博客。除了视觉部分以外，团队还使用增强现实技术进行语音评论信息录入。这些语音评论不仅储存在望远镜软件上，而且会记录在博客上，最终汇总成在线语音留言本，涉及大厦的方方面面。随着时间的推移，丰富的语音展现出易科软件公司的核心价值观——以人为本的真实反映。图3-44为产品功能示意图。

（三）产品原型

团队利用现有的产品组装成了产品原型，如图3-45所示。虽然原型的外形和尺寸大小与团队所设计的望远镜有一定的差异，但能够通过它来体现实际交互效果，并判断望远镜是否适合它所在的情境，如图3-46、图3-47所示。

（四）用户评估

在完成产品原型后，设计团队通过两场产品的公开展示对其进行了最终的评估，如图3-48、图3-49所示。一个是在代尔夫特理工大学工业设计工程学院大楼，另一个是在易科软件公司的总部大楼。望远镜的学习成本很低，十分容易上手，获得了用户和员工对这一产品的积极评价。

在本案例中，产品的设计经历了初始概念、概念设计与迭代、技术实现、用户测试及产品原型几个阶段，其中概念设计与迭代和用户测试及产品原型体现出用户研究的重要性。不同于前三个企业合作的案例，本案例属于校企合作，但同样完整地体现了贯穿始终的以用户为中心的思想。

易科软件公司博客
简单快速地浏览市政府博文

部门信息
易科软件公司各部门、主管、同事的信息

附加信息
咖啡区和餐厅的每日菜单，易科软件公司的信息和帮助指引

语音评论
给看到的任何事留下语音评论，收听别人留下的评论，建立公司日记和帮助指引

图3-44 产品功能示意图

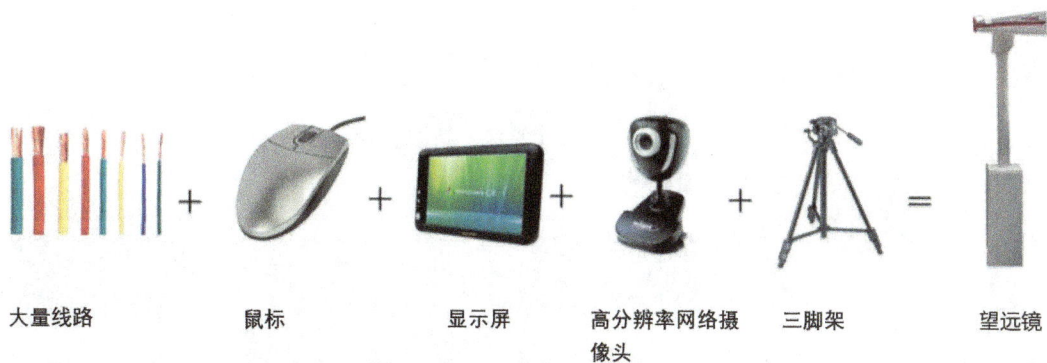

大量线路   鼠标   显示屏   高分辨率网络摄像头   三脚架   望远镜

图3-45 产品原型的硬件组件

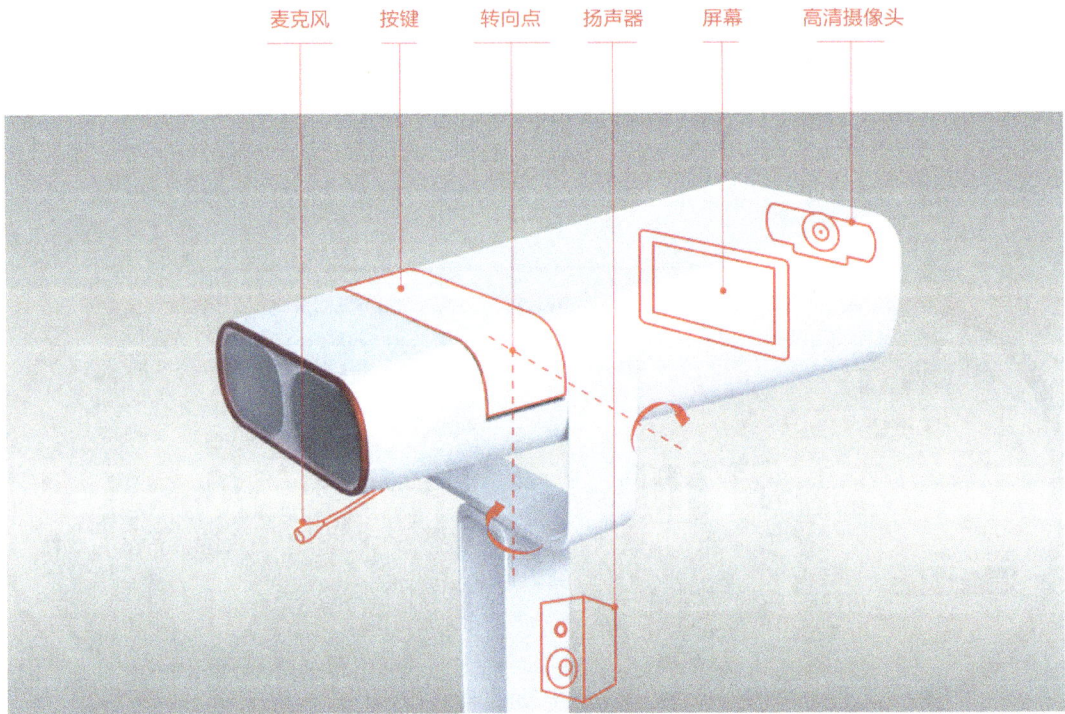

麦克风　按键　转向点　扬声器　屏幕　高清摄像头

图3-46 产品原型的硬件组件排布

图3-47 产品原型的使用情境效果图

图3-48 用户测试产品原型

图3-49 用户评估

总　结

　　本章分别介绍了4个与企业相关的真实案例。前两节着重介绍了案例中所应用的用户研究方法及每一种方法的展现形式，并对整个项目开展的流程及阶段进行了详细的梳理。后两节更偏重于介绍其产品的设计过程和产品理念的形成过程。在用户研究项目中，研究方法与流程设计过程是相辅相成的，清晰的步骤和良好的团队沟通是项目顺利开展的保障。

用户研究是用户体验设计过程中至关重要的一个环节。"用户研究"课程主要关注设计过程中对用户的特征、需求、行为、习惯、生活方式等方面的研究，以此来确定产品或服务规划前期的战略方向及定位。

2017—2019年，北京师范大学心理学部邀请了在用户体验方向颇有建树的唐硕公司为2016级、2017级、2018级用户体验方向的学生开设了"用户研究"课程，带领学生对用户研究的核心方法进行了学习，并围绕课题开展了实践项目研究。

第一节　课堂筹划

用户体验的课程设置分为必修课和选修课。本门"用户研究"课程属于选修课，和"设计程序与方法""用户界面设计""产品服务体系""UX设计Studio"等课程并列，组成整体课程框架中的设计课程部分。

在当今物质生活丰富的社会背景下，消费市场不断创造出新产品、新服务来满足大众需求。然而大众在选择消费品及服务时，不再仅仅关注功能，而更多地关注使用时的便捷性及使用体验。要满足消费者对产品和服务体验的需求，对他们的研究是必不可少的。在用户体验设计的过程中，对用户的研究属于基础内容，对用户进行分类，对用户需求进行挖掘，对用户的行为特质进行洞察，对用户行为背后的动机开展探寻等各项活动都是围绕用户来进行的。"用户研究"课程是用户体验设计的重要课程之一。

本课程在每年的3-4月开课，邀请企业中从事用户研究的相关部门的专家进行讲授。课程以理论讲授和小组实践（比例为1∶1）相结合的方式开展，让学生进行各种研究方法的实践，并且要求学生课下进行大量的讨论和方案制作。

在课堂讲授方面，教师以丰富的案例引入理论知识，使每一种研究方法都对应充足的案例说明，如图4-1所示。课程中贯穿用户体验的知识框架体系，在学习过程中培养学生的设计思维。在此基础上，教师讲解用户研究方法，包括定性研究、定量研究等方法。

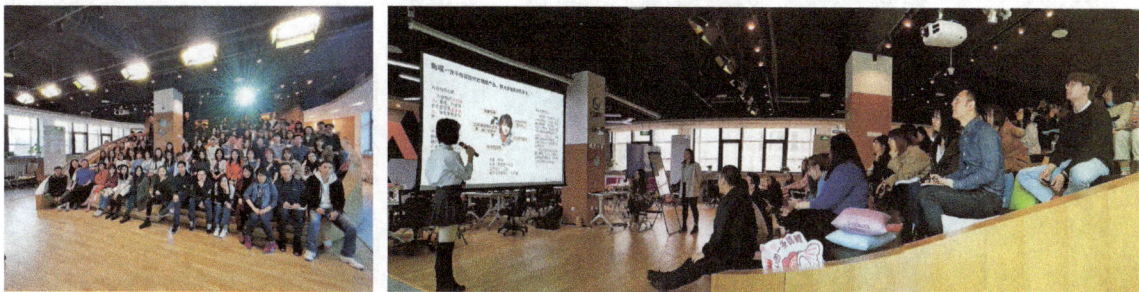

图4-1 课堂讲授

在课堂实践方面，课程以小组项目式教学为组织形式。根据教师的要求，每个小组被分配到一个题目，根据题目进行各种用户研究方法及设计方法的训练，最终完成一套设计方案并达到课程要求。学生在课堂上进行方案讨论、调研方法及设计方法的实训；课下小组成员需要对课堂内容进行继续深化及数据、设计方案的可视化设计，如图4-2所示。

本课程按照研究方法对课程内容进行编排，包括如下几种。

一、定性研究

定性研究是指用文字或图形语言进行相关描述，主要是研究者凭借直觉、经验对对象的性质、特点、发展变化规律做出判断的一种研究。在经过桌面调研、观察、访谈、竞品分析、人物画像等调研分析后，对设计对象的本质、原因的探寻以及对发展趋势的判断就是定性研究。定性研究提供的多是概念性和方向性的指引。定性研究是定量研究的基本前提，也是定量研究的有力补充。

图4-2 课堂实践

二、定量研究

定量研究是指依据统计数据，建立数学模型，用数学语言进行描述，并用数学模型计算出分析对象的各项指标的一种研究。在定性研究所确定的方向指引下，研究者通过问卷调查、数据分析、可用性测试、眼动分析等进行数据的导出，通过大量的数据及样本，找出用户行为的共同点及交叉点，获得有数据支持的、可视化的用户研究结果。

三、基于策略定位的研究

策略定位在企业发展中起到方向指引的作用。桌面研究、观察、日记法、文化探寻、问卷调查、情境访谈等都是基于策略定位的研究方法。桌面研究提供了大量的历史数据及相关技术、性能方面的背景知识，有利于研究者了解目前的市场现状，从而推论及展望未来市场的发展方向。观察是了解用户的最直接的方法。从观察中得到的信息是第一手资料，是真实的，也是最有价值的。问卷调查可以收集大量的样本资料，有助于在策略定位过程中了解主要目标用户群体的状态，从而分析他们的需求、动机，并作为桌面研究结果的验证。

四、基于功能定义的研究

无论实体产品、虚拟产品或者服务，都是基于一定功能才产生的，因而产品的调研要围绕着其功能本身进行。竞品分析主要围绕产品或服务的核心功能进行对比分析，针对市场上的竞争产品及相关产品进行横向比较，找出各个产品在功能定位、目标市场及产品特征之间的差异，从而找到市场空缺及功能机会点。HMW方法是唐硕公司在功能定位阶段经常用到的方法，主要是对功能点进行假设及预想解决方案。

对于用户，研究者可以通过焦点小组、深度访谈来挖掘用户当前使用产品的状态、对产品的期许及用户对产品或服务当前功能的看法。访谈的结果将作为第一手资料影响到功能的设定。对访谈的分析要经过"转录—分类—转述—分类—提取"等过程才能完成，是用户研究过程中非常重要的环节。人物画像作为近年来应用比较广泛的设计方法被大众使用，其主要目的是以一类有共同特征的人为对象，分析他们的行为特征及共同需求。任何产品和服务都是有使用场景的，因而场景分析成为确定功能的前提。在进行功能设定时，研究者必须要考虑用户的使用场景，基于场景研究用户使用产品或服务的流程，才能更有针对性、更合理地进行用户体验的设计。

五、针对交互设计的研究

合理的交互是好的体验的基础。交互流程是否合理直接影响用户使用产品或服务的感受，交互方式是否符合用户的自然行为方式直接影响到用户的满意度。针对交互设计的研究可以通过头脑风暴、卡片分类、任务分析、可用性测试、启发式专家评估、焦点小组等方法进行。其中，任务分析是将整个产品或服务的功能按照用户使用的流程进行梳理，从而以最合理的路径满足用户对功能的需求。

六、针对视觉设计的研究

好的视觉设计是对合理交互设计的视觉呈现。是否清晰地反映信息层级，是否强化了界面的结构，是否营造了产品的使用氛围，这些都是视觉设计所涉及的。同时，美感体验对用户有强吸引力，体现了视觉设计在本能层面对用户的影响。针对视觉设计的研究可以使用竞品分析、问卷调查、用户访谈、专家评估等方法，从而准确地对视觉风格、颜色、控件、布局等进行定位。

第二节　课程大纲

北京师范大学应用心理专业硕士的课程大纲需要在授课的前3个月确定，并且需要学生在课前两周做相应的知识、工具的准备。

一、课程名称

用户研究。

二、授课教师

李宏、蔡晴晴、王阅微、罗丹、张祎、王永昊、王妤。

三、授课对象

北京师范大学心理学部应用心理专业硕士。

四、课程描述

用户体验思维是致力于从用户的视角帮助企业寻找产品或服务的发展机会，从商业策略落实到具体设计的完整的体验方法流程。本课程将帮助学生了解用户体验思维的基础方法流程和常用研究工具，并在实际案例操作的过程中不断加深学生对用户体验思维的理解和应用能力。

五、课程目标

本课程通过方法讲解及案例教学帮助学生了解用户体验的流程和研究及设计方法，并让学生通过实验项目积累实践经验。

六、教学语言及方法

教学语言采用中文；教学方法采用授课、案例分享及工作坊实践三种。

七、考核方式及要求

考核方式包括课堂出勤、课堂参与、作业及考试三种。

课堂出勤要求：10%。

课堂参与要求（团队协作）：20%。

作业及考试要求：70%。

八、其他建议及要求

① 分组教学。教学场地需要容纳60人以上，分6~8组，每组容纳8~10人。

② 需要准备投影仪、黑板或白板、马克笔等辅助教学用品。

③ 每堂课准备A0大白纸和多色便利贴等。

九、课程计划

课程在整个周期中的内容安排和人员安排如表4-1所示。

十、教材、参考材料、学习材料及推荐阅读

教材：唐硕公司提供用户体验方法流程的教学案例。

参考材料：无特殊参考资料。

学习材料及推荐阅读：*This is Service Design Thinking*，Marc Stickdorn / Jakob Schneider；*101 Design Methods*，Vijay Kumar；*Service Design: From Insight to Implementation*，Andy Polaine, Lavrans Lvlie, & Ben Reason；*Business Model Canvas*，Alexander Osterwalder & Yves Pigneur；《用户体验面面观——方法、工具与实践》，Mike Kuniavsky；《用户体验的要素》，Jesse James Garrett。

表4-1 课程计划

授课时间	教学内容	教学形式
第一周	体验思维的概念讲解 用户体验的基础方法流程 用户研究方法介绍 案例分享	课堂讲授 讨论案例
第二周	用户画像的讲解及时间操作 故事板的讲解及操作 用户体验地图的讲解及操作	课堂讲授 操作练习
第三周	设计洞察 设计表现（体验故事）	课堂讲授 操作练习
第四周	实践项目的总结汇报 课程答疑 课程总结	操作练习 现场答辩

注：课程计划可以按照模块专题的形式进行设置，一般2学分的课程共4个单元，可以考虑设置8个专题进行讲授。

第三节　课堂形式

本课程分四次课完成。整个课堂被分成6~8个小组，分配给每个小组不同的主题，进行各种用户研究方法的虚拟场景演练。

一、场地布置

本课程需要大量的讨论及动手活动，因此需要开敞的空间，并按组摆放方形讨论桌，周围摆放座椅。一般的阶梯教室或者普通授课教室不适用于本课程。本课程的授课人数一共有60~70人，场地大约为120m²。场地中同时需要投影仪、扩音设备、软木墙面及可移动白板。课程的场地布置如图4-3所示。

图4-3 课程的场地布置

二、材料准备

以6组为例，如下。

全开大白纸：每组4张×3天×6组，共计72张。

多色便利贴：每组4本×3天×6组，共计72本。

马克笔，36色/套：每组1套×6组，共计6套。

黑/红/蓝色白板笔，3色/套：每组1套×6组，共计6套。

红/蓝/绿/黄四色圆点纸（标记重点用）：每组1套×6组，共计6套。

三、学生分组

在课程开始前，校内教师已经根据学生不同的背景将他们分成8～10人的小组。教师在小组内将心理学、设计学、商学、工学等不同背景的学生进行强制穿插分组，保证每组学生分别来自5个以上的不同学科背景，目的是让学生能够做到知识互补，互相学习，通过跨学科的团队协作对课题展开研究。

四、课堂组织

本课程的前三次授课每周一次，最后一次授课和之前的授课间隔了两周，以便学生有充足的时间消化知识以及进行最终汇报的准备工作。

课堂上每完成一项研究方法的训练后，学生要以演讲的形式讲出自己的研究工作，注重方案的逻辑思维和讲述方法，同时训练自身的表达能力和方案汇报能力。在最后一次授课的汇报上，每组有30分钟的汇报时间，其中包括演示文档的展示、视频展示及问答和评价环节。表4-2为课程训练方法及时间安排。

表4-2　课程训练方法及时间安排

时间	课上	课下
第一周	理论讲授 案例讲解	结合课上练习的内容，复习及巩固课上的研究方法理论的内容
第二周	用户模型训练 用户访谈 用户画像的海报制作 用户画像演讲 用户旅程图制作 故事板制作 小组分享	完善用户访谈的全部内容 完善用户画像的海报制作 完成课上各用户研究方法的视觉设计
第三周	重新梳理事实 发现机会之间的联系、定义"我们如何能够"的问题 寻找更多的点子和形成概念 设计完整的体验 原型、产品化，以及沟通体验 演讲：传达、影响与转化	在第二周研究的基础上，寻找更多的用户行为背后的动机，洞察用户真正的行为驱动和需求
第六周	经典案例分享 项目汇报	整理并提交最终的项目报告及过程文件

第四节　课题组成

根据当前的社会热点和年轻人比较热衷的领域，唐硕公司的专家先给学生拟定了阅读、旅行、健身、陪伴、网购、兼职6个课题，让学生利用时间的优先顺序选择课题，如图4-4所示。小组在进行快速的商讨后，到教师那里进行课题注册，先到先得。在随后的课程中，每组学生需要针对各自主题完成用户研究方法的演练。

阅读	旅行	健身
陪伴	网购	兼职

图4-4　课题分布

一、阅　读

在当今年轻人阅读越来越少的社会背景下，本课题旨在如何寻找阅读的痛点，以便让年轻人提高阅读的效率和热情。

二、旅　行

旅行是每个年轻人热衷的事情。本课题需要学生寻找年轻人在旅行中的需求，从而做出更好的旅行体验设计。

三、健　身

健身主题在年轻人中很容易被忽视。本课题希望学生能够找到更适合当代年轻人的健身方式。

四、陪　伴

本课题旨在解决家庭关系、朋友关系的问题，通过发现痛点，解决痛点，创造出新的产品。

五、网　购

网购已经成为年轻人主要的购买方式。网购过程中如何使设计符合年轻人的行为习惯，是本课题的研究目的。

六、兼　职

本课题旨在让学生在学习和工作之间找到平衡，找到心仪的兼职工作，在获得收益的同时又不影响到学习。

总　结

由唐硕公司的业界专家带来的"用户研究"课程，从业界的角度对学生的工作提出了质量要求。专家一直在课程中强调洞察，意在让学生通过分析用户行为背后真实的动机，来挖掘用户真正的需求。在这个过程中，学生将定量调查与定性调查相结合，利用观察法、问卷法、访谈法、用户画像等方法进行用户分析。基于用户研究的结果，学生通过头脑风暴、竞品分析等方法设定使用场景，进行功能定位和策略分析。在设计的过程中，专家强调基于情境进行设计：用户在什么场景中需要一款什么产品。最终，学生利用故事板、流程图、用户旅程图等方法展示用户体验流程、商业模式等。

截至2019年，唐硕公司已经连续3年进行了"用户研究"课程的授课。除了本书第五章对2016级学生作品的详细介绍外，本书还提供2018级学生的课程方案的视频。具体请扫码观看。

扫码观看视频：
2018级学生作品

在唐硕公司的专家和教师的带领下，北京师范大学应用心理专业硕士用户体验方向2016级的学生开始了课程学习。学生根据不同的专业背景分为6个小组，围绕阅读、旅行、健身、陪伴、网购和兼职这6个课题展开了调研及产品设计工作。每个小组的学生从自身对课题的独特理解出发，充分运用了课堂中学到的用户研究方法开展项目研究，最终的产出得到了教师们的一致认可。本章将围绕这6个小组的最终汇报成果展开介绍，着重呈现从前期调研到产品设计这一全流程中每组的整体调研思路和所用到的研究方法，展现每种方法的不同表现形式，为读者提供实践性参考。

第一节　阅　读

在传统的概念中，阅读一般指阅读文字。其载体主要包括书、报纸、杂志等，随着信息时代的发展，现在包括基于多种电子设备的在线数字媒体信息。该小组将阅读主题的对象定在新时代青年这个方向上，并依据现今阅读发展的趋势走向以及现代人阅读的习惯等信息整理出了与课题相关的关于阅读的四个重要维度，分别为阅读目的、阅读媒介、阅读方向和阅读消费。图5-1为阅读课题组报告封面。

扫码观看视频：
知识分子小组：
孤读

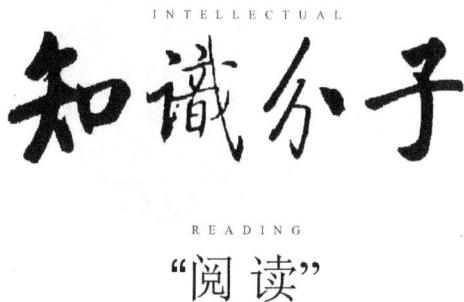

INTELLECTUAL
知識分子
READING
"阅读"

图5-1　阅读课题组报告封面[1]

① "知识分子"是阅读小组为他们的产品所起的名字。

一、桌面调研

阅读小组通过桌面调研，找到了既往研究者围绕阅读主题所做的调研结果[2]，并对结果进行了分析，总结出了现代人阅读的特点。

图5-2的调研结果显示出了被调查群体的三大阅读目的。其中，将近32%的群体将自身的阅读目的定位为增加知识、开阔眼界、提高修养，以学习需要和满足兴趣爱好为阅读目的的群体均占17%左右。

② 引自2013年度上海市青少年阅读状况调查分析报告。

| 17.51% | 31.89% | 17.26% |
| 学习需要 | 增加知识、开阔眼界、提高修养 | 满足兴趣爱好 |

图5-2 阅读目的的调研结果

图5-3显示出了阅读媒介的调研结果：纸质书阅读和电子书阅读的比重可以说是平分秋色。

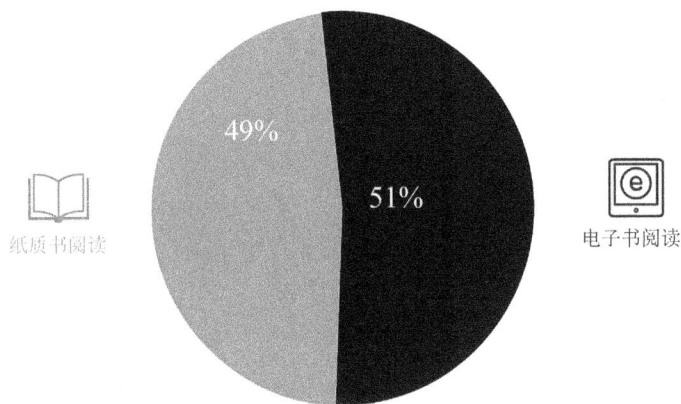

图5-3 阅读媒介的调研结果

图5-4显示出了阅读方向中出现了多种阅读种类，并向通俗化的趋势发展。

图5-5显示出了阅读消费中"自行购买"所占比重较大，"图书馆借阅"和"免费数字阅读"次之。

利用以上的调研结果，小组总结出了目前阅读市场的简要发展现状，为后续的访谈和产品探索设计打下了基础。具体结论如下。

阅读目的：呈现多样化态势，阅读认知与践行未能完全合一。

阅读媒介：纸质书阅读与电子书阅读并存。

阅读方向：呈现通俗性、实用性和诉求的多样化。

阅读消费：以自行购买为主，图书馆借阅与免费数字阅读状况并存。

图5-4 阅读方向的调研结果

图5-5 阅读消费的调研结果

二、用户研究

通过课题理解和桌面调研的辅证，阅读小组形成了关于现代人阅读行为的认知，并依据现状整理出了访谈提纲，开展了访谈工作。

（一）访谈提纲

小组成员从现代人的阅读习惯出发，制订了访谈提纲，如表5-1所示。

表5-1 阅读小组的访谈提纲

破冰	深入	情感
你平时喜欢看书吗？ 你看书的频率如何？ 你会看些什么类型的书？ 你倾向于看纸质书还是电子书（电脑、手机或者平板等）？	你怎样获取自己感兴趣领域的书目信息？ 你觉得你看书的目的是什么？请具体说说。 书中哪些方面的内容比较能够吸引你？ 你对于看书的环境有什么要求吗？	阅读给你带来了什么样的情感体验？试着用3个形容词来描述。 你尝试回忆最近一次看书的体验。 有没有曾与阅读相关的让你印象深刻的回忆？

（二）访谈对象

基于访谈提纲，阅读小组访谈了3名用户，收集了他们的基本信息，整理了访谈信息，并标出了重点信息以便后续分析，如表5-2所示。

表5-2 阅读小组的访谈记录整理

访谈对象	小彤	小宇	大良
基本信息	女，23岁，安静，具有文艺气息，喜欢看书、摄影	男，24岁，喜欢看书，喜欢与人交流讨论	男，26岁，喜欢网络游戏、桌游，对各种事物有个人的深刻见解
访谈信息	几乎每天都会看书，根据自己的兴趣选择书籍，比较喜欢心理学和互联网产品设计方面的书；在学习之前也会查找与课程相关的书籍进行补充学习；喜欢纸质书，可以感受书籍的文艺气息；但是纸质书较沉重，电子书随身携带更加方便，也会经常使用手机阅读电子书；一般在家看书，有时也会选择在咖啡馆或图书馆，喜欢在较安静、气氛柔和的环境下读书；会逛一些咖啡书店，也会通过微信公众号和朋友推荐获取书籍信息	经常找时间看书，主要是获取知识，弥补自己知识架构的不完整，在与人交流辩论后会有成就感；根据自己的知识体系和兴趣看书，很少看那种大众化的畅销书；根据自己的钻研方向选择需要看的书，如历史、文学、政治、哲学；倾向于阅读纸质书，比较有读书的感觉，而且可以随时随地记录自己的想法和感触；但是买的书多了，搬家的时候搬运十分不方便；很愿意接受朋友推荐的书籍，因为朋友会比较了解自己的读书品位，他们也会给出关于书籍的个人简介和推荐理由，比较信任朋友；读书的环境最好安静一些，可以营造一些适合读书的气氛，如放一些轻音乐	经常看书，涉猎很广泛；认为每本书都反映了一种独特的人生，通过读书可以体验书中描述的各种有趣的人生，增加生命的厚度；认为没有了书籍的人生将十分无趣；常看电子书，认为很方便，不容易受到环境限制；比较喜欢前沿科技、互联网产品点评等方面的书籍，会尝试书中谈到的新产品和新的生活方式等

（三）用户画像

通过访谈结果的整理，阅读小组得到了每位受访者在阅读过程中的兴趣点和期待点，经整理后，建立了相应的用户画像。

苏全

基本信息：男，24岁，心理学专业研究生。

座右铭：书本为我搭建了与他人进行深度交流的桥梁。

个人特征：思想独立、风趣幽默、乐于接受新鲜事物。

个人爱好：阅读、旅游、电影。

用户画像描述：如图5-6所示，在忙碌的学习之余，苏全总会抽些时间阅读自己感兴趣的书籍，希望完善自己的知识架构，同时体验书中不一样的人生。他读完后

图5-6 用户画像"苏全"

会整理好读书笔记以方便自己回看，有时也会整理一些放到网上。当有人回复他的观点并进行交流时，他会感到十分开心，并觉得自己除了拥有现实的世界之外，在书本中还拥有另一个浩瀚、丰富的世界。他时常会苦于身边没有交流的对象。

三、机会点洞察

在建立了用户画像后，通过对苏全这个人物的分析了解，阅读小组的学生对目标用户有了一个全面的认知，随后他们对这个人物日常生活中与阅读相关的情境进行了设想，总结出了三类阅读情境，如表5-3所示。

表5-3　阅读情境

场景	独自阅读	线上与人交流	参加线下交流会
举例	图书馆借书或书店买书 在家看书 写读书笔记	看知乎、豆瓣、微博 发表观点、书评 与网友交流	读书会 读书沙龙 签售会

围绕这三类情境，小组创编了15个故事，利用文字和图画的形式进行表达，并提炼出故事中用户可能存在的需求痛点和产品的机会点，如图5-7所示。

故事名称	找到自己想看的书	发生时间	周五晚上	发生地点	在自己家的床上

故事简介	苏全平时会在网上关注一些自己感兴趣的问题并收藏；到了周末，自己就会看看自己收藏在知乎和豆瓣上的内容能不能给自己一些阅读意见；于是在睡前打开了自己的手机，准备网购新书，同时也通过微信请教相关领域的朋友
用户需求	能多找到一些自己想看的书，保证书的质量，不想浪费时间和金钱在无用的书上
用户痛点	需要通过与看过书或相关领域的人交谈后才能决定买什么书
故事插图	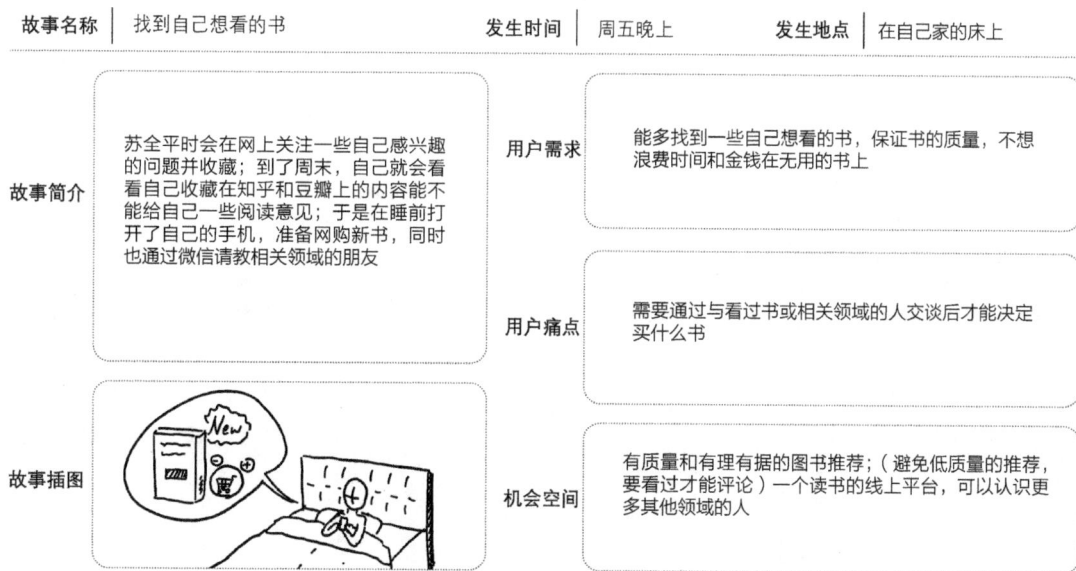
机会空间	有质量和有理有据的图书推荐；（避免低质量的推荐，要看过才能评论）一个读书的线上平台，可以认识更多其他领域的人

图5-7　故事板举例

随后，阅读小组将各个故事用时间线索重新梳理整合，以"苏全因为阅读而不断成长"为主题绘制了旅程图，如图5-8所示。旅程图包括苏全的行为、痛点、需求，以及每个阶段的情绪变化和对应的产品机会点。

通过旅程图，小组找到了在三个不同的阅读阶段所对应的产品机会点。据此，围绕这三个阶段，小组展开了思考，如图5-9所示。首先是对用户真实原因的洞察。在这个阶段，主要是挖掘用户需求和痛点背后的核心原因；其次是运用HWM的方法去发现机会的可解决方案，定义"我们如何能够"的问题；最后在此基础上产生更多的观点。

通过不断的迭代与思考，小组综合了现有的方案，形成了产品的核心功能——一个以阅读为主题的与书友交流的平台，进而开始了下一步的产品设计阶段。

四、产品设计

"愿孤读不再孤独"，这是阅读小组对于他们的产品"孤读"的价值定位，如图5-10所示。他们希望通过这款手机应用产品重新定义阅读体验，打造在线的书友交流社区。产品的核心功能有三个方面：阅读、社区和好友，如图5-11所示。

（一）阅　读

阅读功能包含四个子功能：好书推荐、读书、实时评论和分享感悟笔记。阅读功能的界面设计如图5-12所示。

（二）社　区

社区功能实现了交流从线上到线下的转换，主要包括两个核心功能：信息的检索、发布，

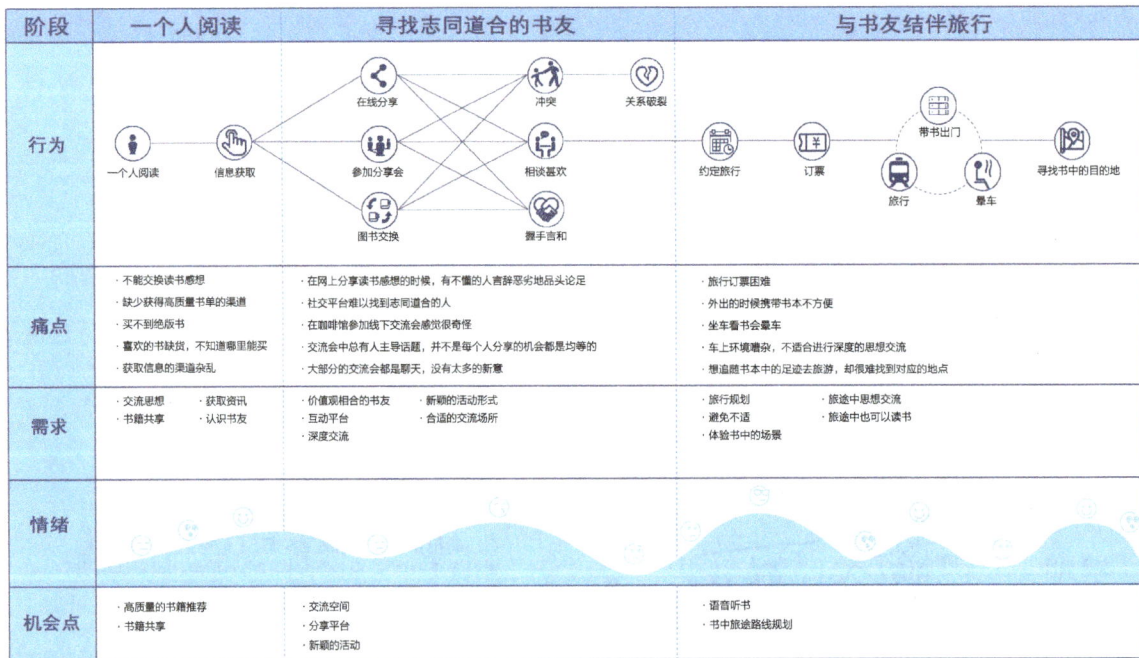

图5-8 阅读小组的用户旅程图

图5-9 洞察过程

图5-10 产品设计

图5-11 产品的核心功能

活动的发起、参与。前者包括书籍资源的分享，二手书的交易信息、签售会信息的发布与检索，与各青年空间、咖啡馆等场所的合作，提供场所预定信息等各类信息，同时为用户提供旅游信息推荐、参与剧本改编、亲身演绎书中情节、读书分享会等各种形式的活动信息，并且建立发起活动和组织活动的平台。阅读小组将活动列为产品中非常重要的功能之一，因为它是将在线阅读向线下社交进行转化的一种重要方式。社区功能的界面设计如图5-13所示。

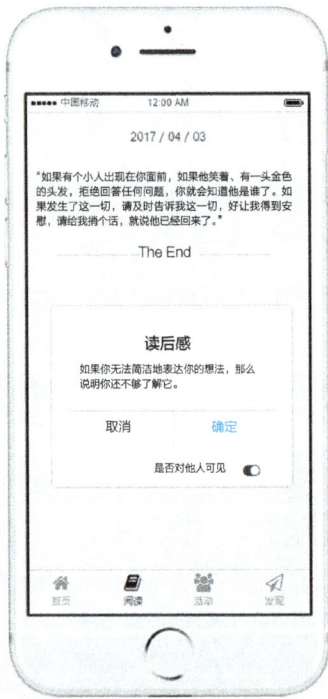

图5-12 阅读功能的界面设计

图5-13 社区功能的界面设计

（三）好 友

在好友这一功能中，用户可以通过手机应用搜索附近阅读相同书籍的好友，并可以对他们发出好友申请，如图5-14所示。在这一部分，产品致力于让有着相同阅读志趣的人通过这款手机应用建立起联系，让书不再只是一种阅读的工具，而是成为能够引发共鸣的桥梁。

五、教师点评与学生反思

（一）教师点评

蔡晴晴："首先，这一组有一点做得非常好，他们在前面花了很多的时间去解读他们的题目。他们先从题目入手做了一个相对宏观的分析，调研了阅读目的、阅读媒介、阅读方向等问题，确定了要解决的问题后再有针对性地去找用户进行访谈，这一点很值得我们借鉴。其次，这一组报告的排版和风格做得也不错，很符合'知识分子'这个主题，所以最后报告的效果也很好。另外，我也有一点建议，首先你们的产品概念是要去解决在阅读过程中产生的社交问题，但是在前面用户画像的分析中没有突出这一点，也就是没有表现出这个用户在阅读过程中是很孤独的，是很需要和人交流的。所以你们需要在用户洞察这一部分再下一些功夫，提出用户在什么情况下会产生孤独感，用户曾经尝试做过什么来克服这些孤独感等。这样，这个产品的整体逻辑就会更加清晰。"

王阅微："首先，这一组从情感上很好地打动了我。它是真的可以把用户逗笑，也能让听者切身地感受到这个产品在情感上的魅力，这一点非常好。另外，这一组在问题解决方案的描述上也比较清晰。因为他们在最终产品的界

图5-14 好友功能的界面设计

面设计上非常注重细节，让用户一看就能明白这个界面是如何实现这个功能的。他们非常好地、非常完整地表现了整个产品是如何实现功能的，这一点是非常值得我们借鉴的。另外，我的建议同样也是，这一组得出的洞察其实是缺乏一定支持和逻辑的。这个观点是由什么样的用户行为和需求推测出来的？这一点还有待思考和加强。"

（二）学生反思

阅读小组成员：张伟健、叶子、李孟凡、黄庭瑞、王泳钰、孙一然、赵爽、周维、郭沁和王浩之。

"情感化设计要触动用户的情绪，激发别人的同理心，这不但针对产品设计，而且也能在汇报和日常生活中应用；深度洞察用户需求痛点背后的深层次原因，寻找机会之间的联系，并且提出更多的概念和点子。这种方法的应用对于一个好的设计来说也是至关重要的。

"虽然每一家企业和每一个人所熟悉和习惯的方法不同，但最终想要达到的目的和效果是相同的，所以没有什么是需要墨守成规的，找到自己最适应的方法就是最好的。

"视觉往往决定了人们对一个事物的第一观感。一开始就从视觉上打动自己的目标是非常有好处的，也能让自己看起来更加专业。

"除了用逻辑打动用户之外，情感打动也是很重要的一方面。解决方案的具体化也能帮助用户更好地理解产品。"

第二节　旅　行

旅行，从起点到终点，再回到起点。看似一切回到开始的样子，但是旅途中的点点滴滴已渐渐改变原有的生活。旅行不同于旅游和出行，旅游是花钱看风景，出行更侧重空间上的转移，旅行是用双脚丈量这个世界到心的距离。因此，旅行本应是体验生活，经历阴晴风霜，看人潮涨落，把足迹连成生命线。图5-15为旅行课题组报告封面。

与旅行相关的行为包括选景点、买票、挤车、拍照……但在旅行小组的眼中，旅行的目的应当是感受世界、体验不一样的人生，这不仅仅是地点、时间和空间变化带来的感官体验，更重要的是情感体验。因此他们想通过这个课题去创造不一样的旅行体验。图5-16为旅行小组研究流程图。

扫码观看视频：
旅行

图5-15 旅行课题组报告封面

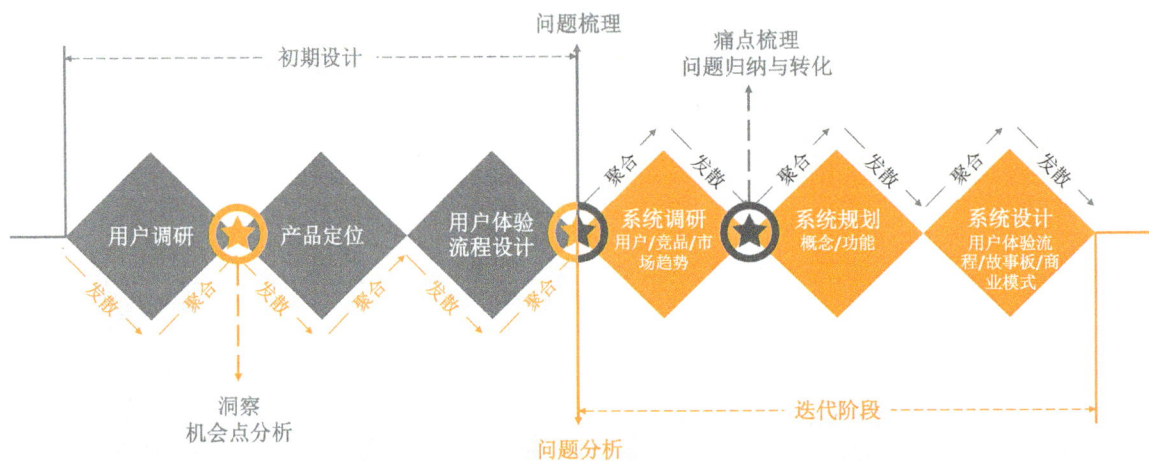

图5-16 旅行小组研究流程图

一、桌面调研

依据对课题的初步理解和定位，旅行小组开展了桌面调研工作。调研内容主要包括三个方面，分别为旅游行业现状、旅游行业发展趋势和竞品分析。

图5-17是旅游行业现状的调研结果。在政策方面，国家对旅游业的发展比较重视，会逐步实施相关扶持政策，层层深入。市场秩序趋向良好，

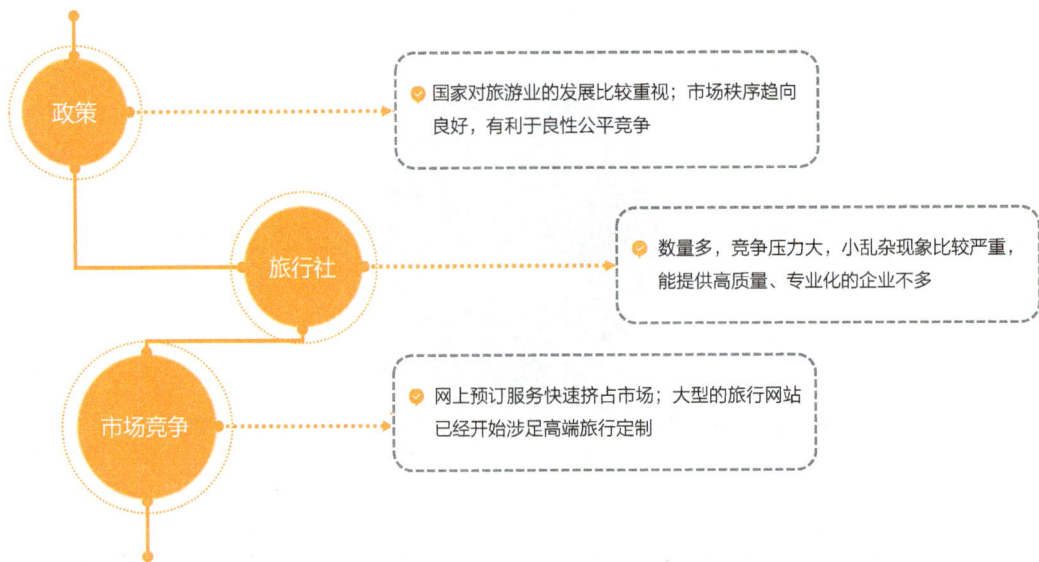

图5-17 旅游行业现状的调研结果

旅游管理部门正在加强监管，有利于企业家的良性公平竞争。在旅行社方面，有近3万家旅行社，数量多[①]，竞争压力大，小乱杂现象比较严重，能提供高质量的专业化企业不多。在市场竞争方面，网上预订服务快速挤占市场，自驾游逐渐兴起。游客选择旅行社的比重相对下降，大型的旅行网站已经开始涉足高端旅行定制。图5-18是旅游行业发展趋势的调研结果。从最初的"远距离化"发展到现在的"一站式服务"，这样的发展趋势说明用户在旅游时想要更加省时省力，追求一步到位式的服务。

① 引自国家旅游局关于2016年第一季度全国旅行社统计调查情况的公报。

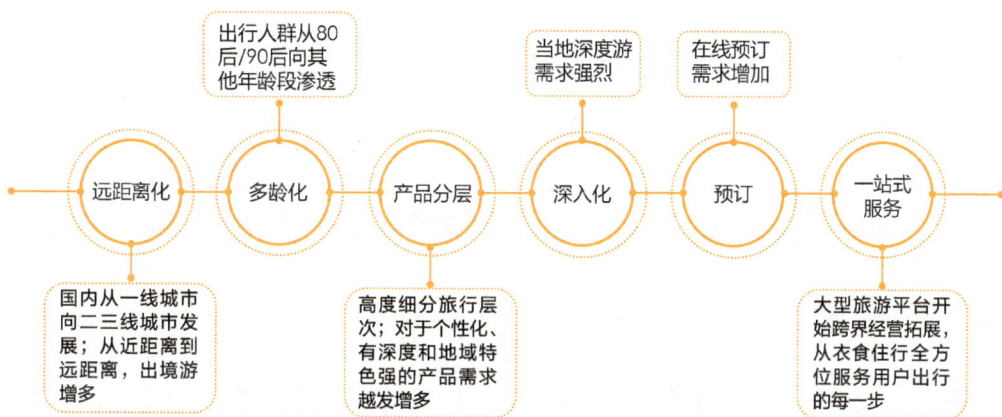

图5-18 旅行行业发展趋势的调研结果

在做完基本的行业现状分析和发展趋势研究之后，旅行小组又对现在市场上存在的旅游品牌做了竞品分析，如表5-4所示。

表5-4　竞品分析

产品	产品定位	用户群体	优势	劣势
品行之旅	私属旅行定制专家	高素质、高品位、高收入的精英阶层	私密性好，体验更加有深度借助新媒体宣传	没有手机应用
大眼睛旅行	私人管家式服务	想完全按照自己的想法和需求设计只属于自己行程的深入玩家	定制独一无二的行程拥有超过80个境外目的地的旅行资源产品分级制度	价格高
无二之旅	让旅行变得省心、精彩，让旅行拥有温度	中高档用户，希望获得精彩、深入、省心又兼具性价比的国外旅行	经典自由行和定制旅行提供精选案例"隐形导游"：每人一本路书收费方式：旅费+旅行定制费	灵活性差

二、用户研究

通过课题理解和桌面调研的辅证，旅行小组形成了关于普通大众对旅行的理解，梳理思路之后进行了用户访谈，用户调研情况如图5-19所示。

（一）访谈结果分析

访谈之后，旅行小组对于访谈内容进行了分析，如图5-20所示。在受访者中本科学历的人占50%；硕士学历的占38%；博士学历的占12%。

在访谈中，当问到用户喜欢自由行还是跟团的时候，用户选择国内游为自由行，出国一般为跟团游，原因是在国外需要寻求一种安全感。约有近四成的用户每年都会旅行一次，并有超过六成的用户选择与同伴出行。总体来说，国内旅游倾向于自然风光，国外旅游倾向于参观人文景观。在访谈中，有的用户提到最开心的经历是在迪斯尼乐园的一天。这在后期方案的设计阶段给了旅行小组很大的启发。

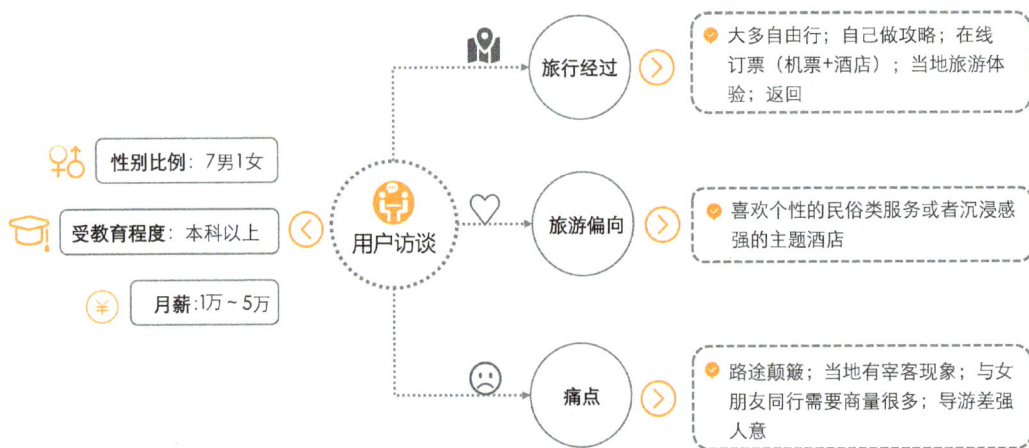

图5-19 用户调研情况

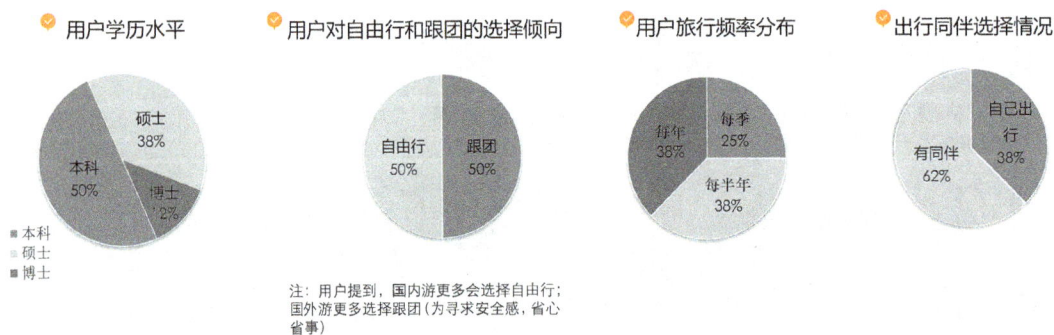

注：用户提到，国内游更多会选择自由行；国外游更多选择跟团（为寻求安全感，省心省事）

💡 **总结**：国内游倾向自然风光，国外游倾向人文；出行同伴选择最信任的亲人

💡 **设计思路**：用户提到最开心的经历，是在迪斯尼乐园的一天，这激发了我们的迭代方案设计

图5-20 用户访谈分析

（二）痛　点

通过访谈，旅行小组归纳了用户在旅行过程中会遇到的痛点，主要包括以下三个方面：同伴关系被破坏，手续办理不顺心，景点导游差强人意。

（三）用户画像

通过前期的用户研究结果，旅行小组建立了用户画像，以便更好地描述目标用户群体的特点及需求痛点等信息。

徐凯文

80后，某互联网公司产品经理

喜欢的旅游方式：私人精品团，跟朋友。

最喜爱的目的地：欧洲、北非、日本、美国。

主要特点：高品质，情感需求，理想主义。

核心需求：喜欢跟志同道合的圈内人旅行；跟亲密的人建立更好关系；追求高端、刺激的旅行体验；希望可以丰富人生的可能性；缓解压力，放松身心。

座右铭：忙碌的工作生活中，

图5-21 用户画像"徐凯文"

旅行是我犒赏自己的最佳方式。一旦去旅行，我要尽情地放松和享受。

用户画像描述：如图5-21所示，徐凯文是一个在事业上小有成就的80后有为青年，是体育和电影爱好者，目前的工作、爱情都处于一个稳定期。他不再喜欢"穷游"式旅行，而是更加关注一些"高端"的玩法，如商务旅游、轻度冒险、极地探索、自驾游和各种高品质的主题游。同时，他希望通过旅行满足情感需求，提升人生阅历，增加生活情趣，留下美好回忆。徐凯文常和女朋友或者志同道合的朋友一起出游，他很享受这样的旅行时光。

三、机会点洞察

在建立了用户画像后，通过对徐凯文这个人物的分析，旅行小组对目标用户有了一个全面的认知，并总结了旅行目的，如图5-22所示。旅行小组根据旅行目的得到了3个机会点：自由掌控、亲密关系和丰富人生的可能性。

如图5-23所示，小组首先对3个机会点进行了细化，提出了一些可以帮助用户达成目标的场景。例如，用户可以通过自由地选择旅行中的饮食、随时调整旅行的行程来体验旅行中的掌控感。小组围绕这些发散场景，将3个机会点结合"旅行"大场景，得到了6个发散出的机会点，并针对每一个机会点进行了头脑风暴，以构思产品方案，如图5-24所示。

随后，旅行小组将各个故事用时间线索重新梳理整合，以"徐凯文在一次旅行中的经历"为主题绘制了旅程图，如图5-25所示。旅程图按旅行

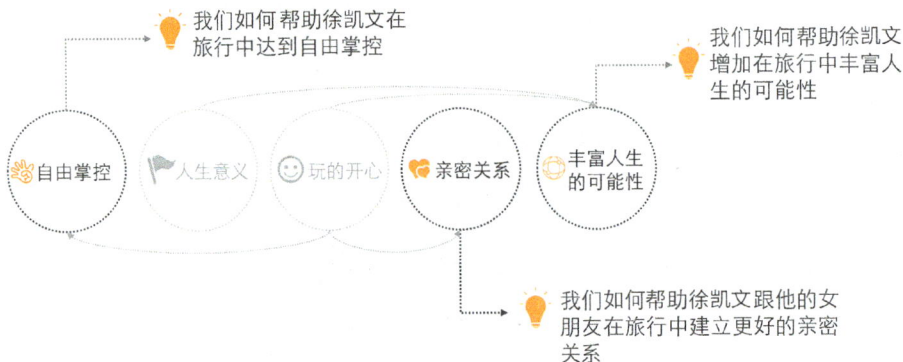

图5-22 旅行目的

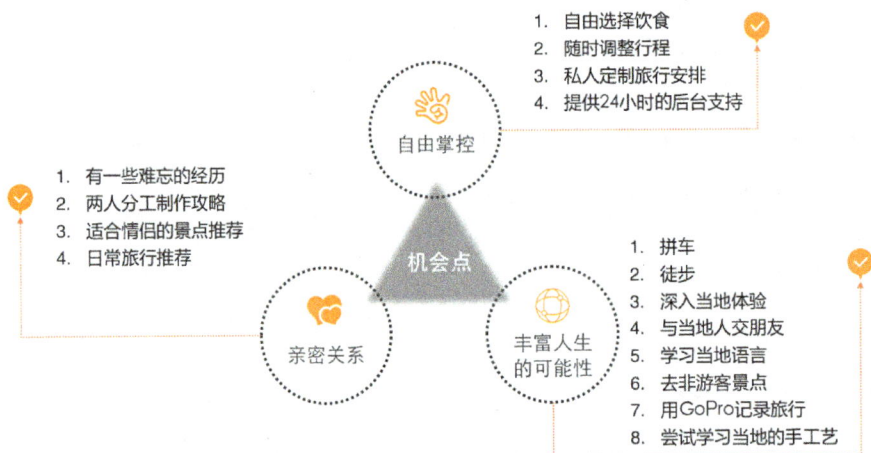

图5-23 机会点

亲密关系　　自由掌控　　丰富人生的可能性

安全感
- 预定环境更好的酒店
- 行程助手随时规划
- 随时存在的助理
- 私人别墅
- 私密安全

冒险
- 做一些刺激的事情
- 见同城网友
- 开直升机
- 冒险项目
- 角色扮演
- 搭便车
- 度假

社交
- 去吃当地的特色美食
- 旅行中的相互分享
- 去找会玩的本地人
- 去走前人走过的路
- 入住当地特色民宅
- 旅行中相互的分享
- 和当地人交朋友
- 去农家小院
- 民宿
- 青旅

心灵洗涤
- 帮助规划人文路线
- 宗教体验
- 修行体验

浪漫
- 互相制定有趣的目标
- 一起看星星
- 选择浪漫的景点
- 烛光晚餐
- 主题聊天
- 海边玩
- 一起做饭
- 求婚

记录回忆
- 找一个帮他拍照的人
- 旅行记录帮助回忆
- 合照摄影
- 随时拍照

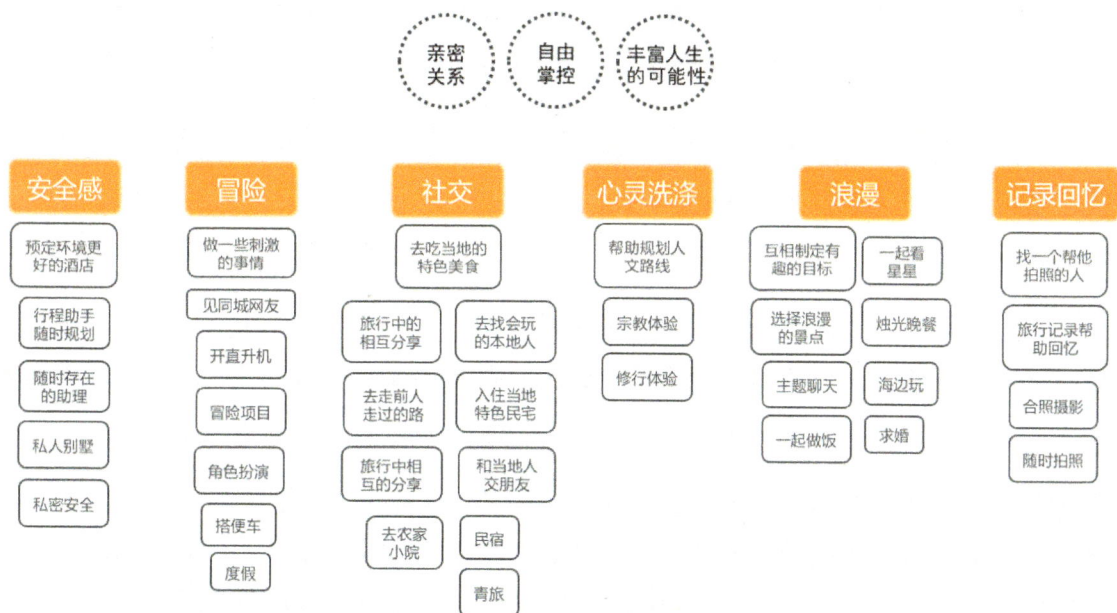

图5-24 机会点发散

阶段	出发前	旅程中	回家
典型行为	动机和请假　查攻略和预定酒店　收拾行李　出行方式选择	抵达目的地和入住　烛光晚餐　人文风光　购物　当地风景　当地旅行	回家　整理物品 洗照片 记日记
核心需求	1. 旅游目的地有深度，有内涵 2. 不会用过多时间查攻略或预定酒店等 3. 掌握行程计划和时间安排 4. 旅行舒适 5. 合理的出行时间	1. 快速便捷地到达酒店 2. 到达目的地后，可以有渠道了解当地的情况，了解当地的特色和风土人情，如和当地的人交朋友，由他们引领游玩 3. 在旅行过程中，始终保持较高的品质 4. 能够切身体验到当地的本土文化，而非只知名景点浅玩 5. 浪漫的旅行全程，拍照留念	1. 整理行李衣物 2. 给亲朋好友发礼品 3. 整理旅行中的照片、视频 4. 记下旅行日记，作为永久的回忆 5. 分享自己的旅行见闻，并完成约稿
痛点	1. 工作忙碌，时间不固定 2. 攻略复杂，难以评估 3. 没时间做过多准备 4. 需要时刻关注买票信息	1. 疲劳驾驶 2. 目的地偏远 3. 临时决定旅行，没有预约 4. 迷路 5. 行李太多，需要搬来搬去 6. 住宿条件差 7. 与当地土著交流不畅 8. 人多一直排队，地点拥挤 9. 没有渠道得到当地文化风景的第一手信息，只能求助互联网	1. 照片太多，不好选择 2. 照片处理技术受限 3. 没有太多时间整理旅行中的见闻
产品机会点	1. 私人定制旅行安排 2. 预定成功后路程提示 3. 当地旅行向导 4. 日常旅行推荐	1. 接机 2. 行李托管 3. 信用入住、退房 4. 相关旅行机构认证 5. 景点推荐/黑名单 6. 完美的标识和语言服务系统 7. 增加英语标志 8. 免费景区接驳服务 9. 私人导游个性化定制	专业影像平台提供素材整理、视频剪辑等服务

图5-25 旅行小组的用户旅程图

阶段划分，其维度涵盖了徐凯文在此次旅途中的典型行为、核心需求、痛点和产品机会点。

围绕从用户旅程图总结出的痛点、产品机会点，结合前期调研中得到的旅游行业发展趋势以及在不断的产品概念迭代中出现的问题点，旅行小组进行了一轮思考迭代的过程；通过洞察找到问题背后的关键原因，并针对这些原因找到问题的解决方案，最终将解决方案融合整理，形成了产品的概念及核心功能，如图5-26所示。可以穿越时间、体验文化和经历不同人生体验的全生态旅游主题园区，为用户提供10余个主题的园区和上百条体验故事线，让用户成为故事中的一员，以主人翁的视角完成故事线。

四、产品设计

旅行小组将旅行定义为：旅行3.0＝空间移动＋时间穿越＋主视角体验。

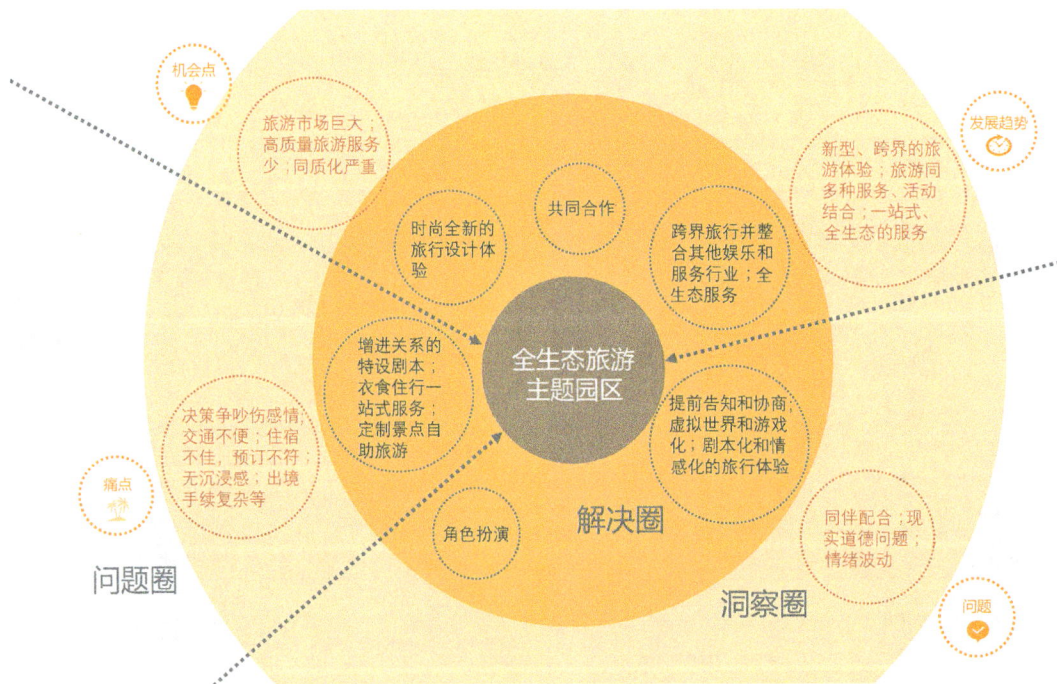

图5-26 问题的归纳与转化

"我们定义的旅行，不再只是空间的移动，不再只通过游览和旁观去体验旅行当地的风景和文化。

"在旅行3.0中，游客不仅穿越空间，而且将穿越时间，去到任何一个你想去到的时间和地点，展开一场旅行。

"在旅行3.0中，游客不再只能以旁观者的身份去观看游览，不再需要通过'印象山水'这样的观看表演歌舞的形式去体验旅行，而是通过主视角的方式去真正地体验旅行。

"在旅行3.0中，产业协同、行业协同来为游客提供更加丰富的出行体验。"

（一）体　验

旅行小组从三个角度设计产品。一是感受穿越与现实的交错。穿越空间与时间，在重新打造的时空中体验历史与文化。二是体验不一样的人生。不再囿于传统旅行的体验风土人情，而真正地将自己带入角色，体验扮演角色的处境和心境；和传统观光的表演剧不同，通过主视角解读剧情和体验。三是感受改变历史走向的力量。通过扮演角色的自主选择，改变剧情的结局和走向，制造完美结局。产品的核心功能如图5-27所示。

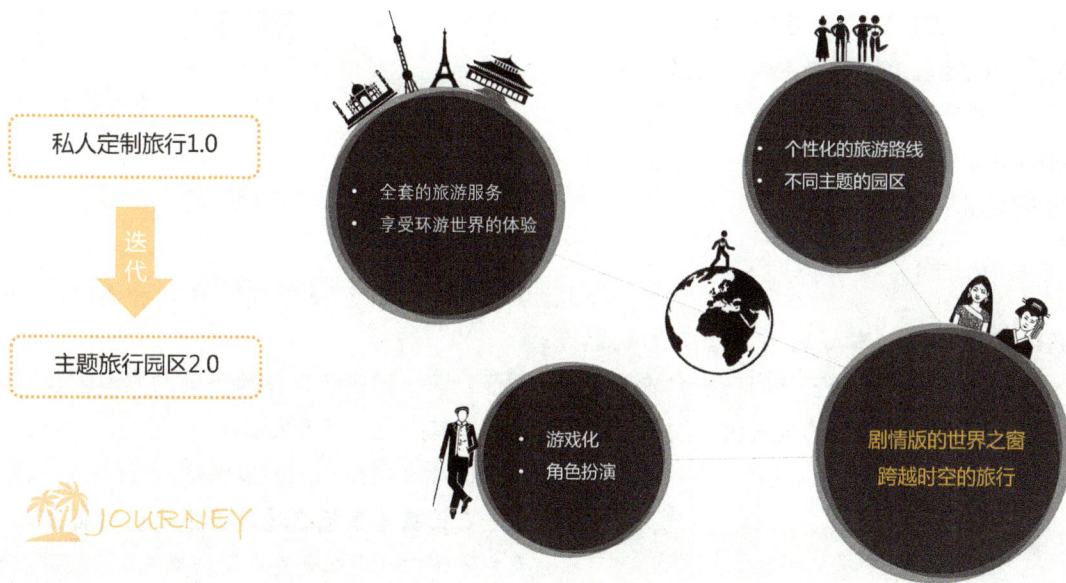

图5-27 产品的核心功能

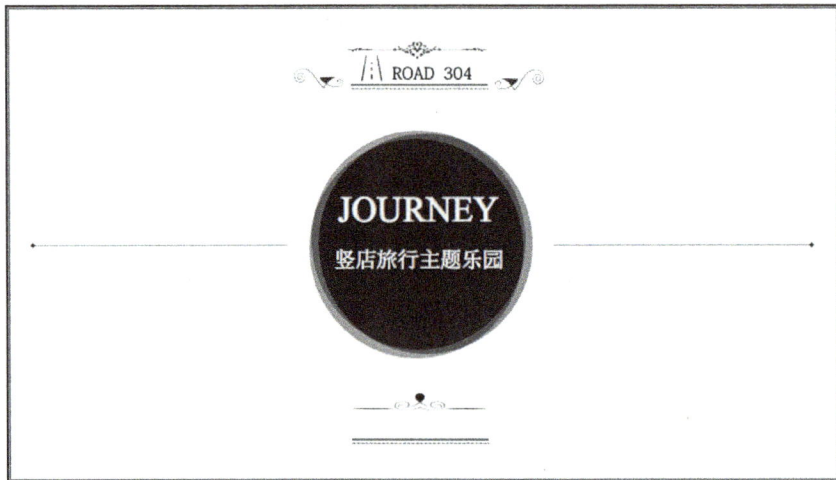

图5-28 产品设计

（二）竖店旅行主题乐园

为了满足"人人都是明星"的愿望，本课题以"竖店"为名，让用户零距离体验热剧、热点的故事线，如图5-28所示。

图5-29展示了竖店旅行主题乐园的构成要素。其中，园区的"主题模块"由10个部分组成，是用户在游玩过程中的主要活动区。这是旅行小组为其产品设计的具体核心区，每一个区代表的游玩模块都包含了不同的游乐主题和相应的冒险剧情。

（三）服务流程图

通过绘制用户在享受服务过程中的流程图，旅行小组系统地展示了从用户报名旅游服务到游玩，直至结束游玩的全流程，如图5-30所示。

（四）场景内容

依据旅游园区系统的应用流程，旅行小组还对主题乐园中的部分具体故事内容进行了设计，以体现场景应用的真实性。用户进入旅行

图5-29 竖店旅行主题乐园的构成要素

园区，可以自主选择体验不同的故事内容，以下列举其中两个场景故事。

1. 场景故事一：梦回唐朝

安氏叛军直抵京城，男主扮演的唐玄宗与女主扮演的杨贵妃仓皇逃至马嵬坡。

哀兵哗变，处死国舅杨国忠，众臣死谏，要求男主缢死杨贵妃，以平民愤。名为死谏，实为逼宫。男女主被困在行宫中再无生路。

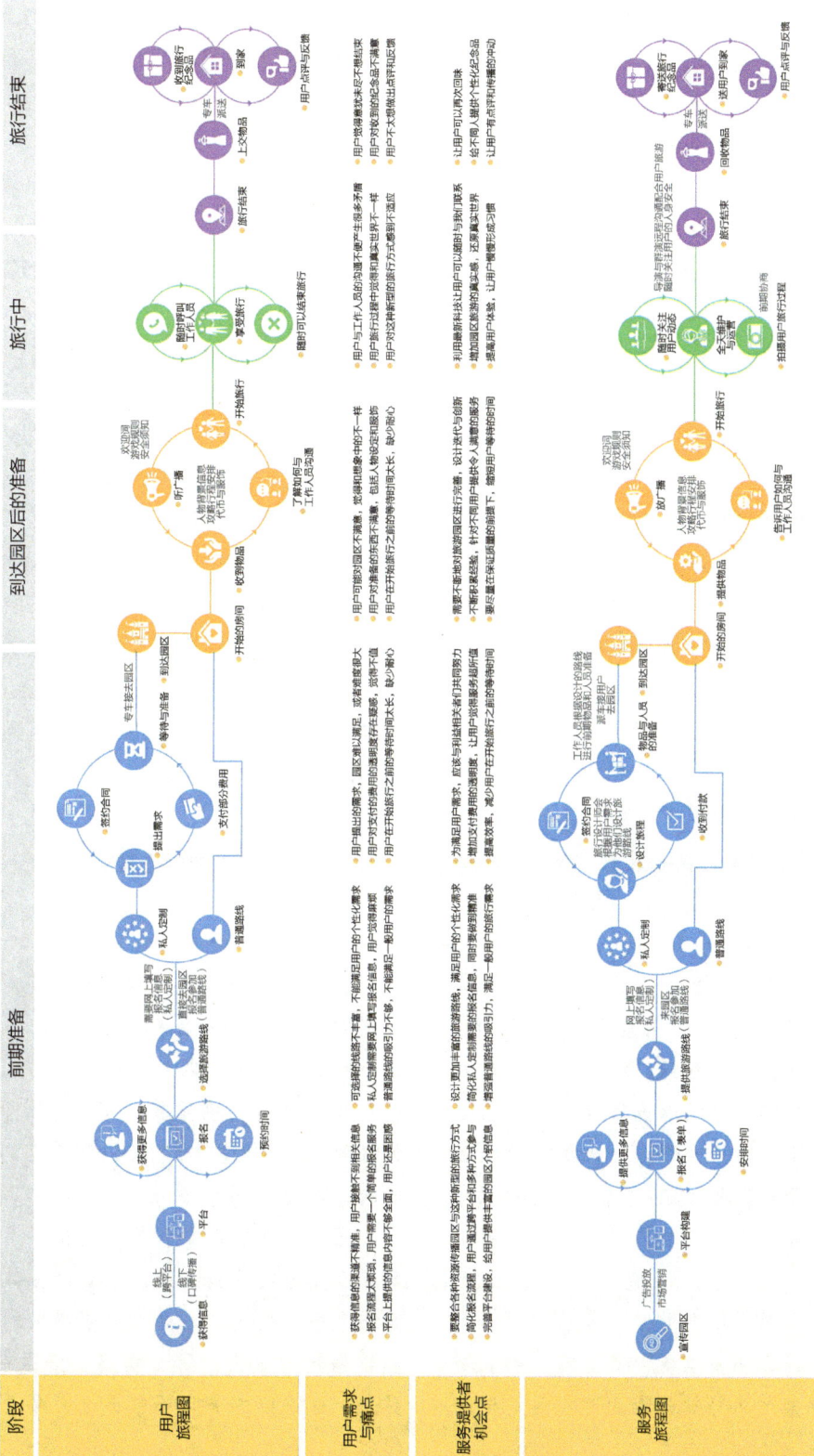

图5-30 坚店旅行主题乐园的全流程设计

此时一道人遁出，自称李淳风后人，依《推背图》之缘由，劝说玄宗处死贵妃，否则两人只能远离故土，绝无还乡可能。言谈之间泄露：如果两人离去，须将传国玉玺毁去，方可将国运转为两人续命之法。

男主此时须将玉玺毁去，便在玉玺中得一锦书，上书"佛堂之中自有逃生之法"。

此时男主需要说服众大臣（推脱命高力士在佛堂之中缢死杨贵妃），退至佛堂，并在一炷香的时间内触发机关，从蒲团下的秘道逃脱，行至驿外渡口，与遣唐使交涉，获得一艘小船，驶离大唐。

再次登陆已到日本山口县久津，此时赶来一个老人，哀叹大唐开国一百余年，竟毁在一个贪恋后宫的君主手中。此时空中响起一句偈语："安得世间双全法，不负如来不负卿。"

2. 场景故事二：还魂牡丹亭

男主柳梦梅赴京应试，手旁无伴手之物，唯有一幅凭记忆所绘的梦中佳人常伴身侧。

男主借宿在梅花庵观，一仙人陡至，告之柳梦梅："你一世姻缘，便在此观中求。"男主终在太湖石下寻得一幅绘卷，与手中绘卷上之佳人偏生的一模一样。

男主在园中四下打听，终于得知佳人名唤杜丽娘，但奈何早已病故，且就葬在梅园之中。男主失魂落魄在梅园中寻遍，终于发现丽娘的坟冢。但坟茔已空，丽娘起死回生。两人在园中仆人的帮助下，结为夫妻。丽娘梦梅回娘家报还魂之喜，哪知梦梅此刻早已被告作盗墓贼，丽娘之父不认此婚事，将梦梅下狱，丽娘锁在闺阁之中。

女主只得向身旁仆人求援，苦思之下终于想到飞鸽传信，命仆人准备一只信鸽，附求救书信放出。丽娘之父得知此事，欲将两人异地关押，转移途中两人合力逃脱，遇见巡幸江南

的皇驾。皇帝正式为二人指婚，并且感叹道："情不知所起，一往而深，生者可以死，死可以生，生而不能就死，死不可复生者，皆非情之至也。"

（五）商业模式

此外，旅行小组还思考了整个旅游系统的商业模式问题。围绕以旅行为核心的主题公园，旅行小组提出了4种盈利模式：①与政府合作，搭建双赢的旅游园区，促进旅游业发展；②与广告商合作，通过园区内的广告植入盈利；③与影视部门合作，利用空闲园区接拍影片；④与对外机构进行场地租赁。

通过这4种盈利模式，小组的学生希望他们的旅行服务系统可以摆脱单一的门票盈利模式，通过广告、拍片、租赁等多种收益形式，形成良好的产业链，并增添政府与私人企业的合作，达成相互合作关系的特许经营项目模式，保证基础设施建设和有效运营。

五、教师点评与学生反思

（一）教师点评

蔡晴晴："相比其他组，这一组对于服务定位很明确。创意背后的工作模式、服务方式、生态圈、商业模式以及和各方面的关系等，比较完善。这样的创意重新定义了旅行的意义，最打动人心的是，'旅行不一定是空间，也是时间的穿越'。但是也要注意目标用户，对选定的人物画像，要有调查和数据支持；所有的结论需要有充分的论据支持；消费的主体，不一定是未来服务的主体。如果说想要做的是线上的偏数据化的旅行，那么需要做好限制和说明。另外，这一组的亮点不够突出，最后的解决方案扣题不够。为了解决'亲密关系'做了什么，

最后结果是什么，没有做出足够说明。"

王阅微："这一组搭建了一个很大的、很宏观的系统，其中最打动我的是他们运用了很多新奇的元素，创造了一个新的模式、一种新的体验。同样，他们面临的挑战也在这里。因为他们设计的这个系统实际上很大，所以他们需要好好地考虑如何突出重点，让用户一眼就能注意到它。比如，他们前面提出某一个问题，那么在后面的产品中就需要好好说明它到底是怎样被解决的。因为时间的原因，他们肯定不能做到面面俱到，那么如何抽取一两个点来重点介绍，将是一个很大的挑战。"

（二）学生反思

旅行小组成员：周玥彤、袁云鹏、戴雨、徐振宇、吴梦涵、王露、叶子、朱杰颖、徐齐宏和徐晗。

"在中期访谈过程中，有老年人反映，我们的问题不够贴近实际，特别理想化。还有受访者拒绝接受访谈的事情出现。我想，这都是需要我们在前期工作中改进的地方。

"HMW的方法给我的启发很大。在之前的项目中，我一直有一个顾虑就是感觉用户需求和最后解决方案之间联系不够紧密。经常是用户访谈得到哪些痛点，就直接针对性地做方案。通过HMW的方法，我们以更积极、更广的视角去看待痛点，能得到更多深刻的方案。

"我理解的洞察包含三个要素：理解能力、逻辑分析能力和决策能力。理解能力是指是否把握了研究对象的准确含义，包括特点、要素，以及问题涉及圈的范围，重点在于能够定义清楚问题。逻辑分析能力是指在理解问题后，能够分析出要素之间的关系，排列出优先级等，能够把问题有逻辑地拆解开，加深对问题的理解，从中找出问题的痛点。决策能力就是能够根据问题的众多痛点，分析出最需要解决的问题。"

第三节 健 身

扫码观看视频：
要你好受

在确定健身这一主题后，健身小组开始了对于课题的理解和定位，并从"What""Why""How"三个角度对健身的概念进行了分析。图5-31为健身课题组报告封面。

What——健身是什么：健身大致分为器械锻炼和非器械锻炼。健身也是很多男士和女士用来塑造完美身材的一种锻炼方式。大多数现代的男女都喜欢这项运动。

Why——为何健身：健身运动可以采用各种徒手练习，也可以利用不同的运动器械进行各种练习。在移动互联网技术和定位技术高速发展的现状下，随时随地健身变得越来越容易。基于运动的兴趣型社群也四面开花，运动与社区愈加融合。

How——如何健身：保持年轻的心态；减脂塑形；为了健康的身体；放松的方式。

同时，围绕这一主题，健身小组率先确定了本次课题研究的整体思

要你好受

FITNESS

课题理解
方法论
用户研究
洞察需求
设计概念
设计原型
商业化探索

图5-31 健身课题组报告封面

路，制作了方法流程图，计划后续研究的开展。如图5-32所示，健身小组遵循三次发散聚合的过程以进行迭代：第一个阶段进行用户需求的初步定义；第二个阶段对这一需求进行深度挖掘和洞察；第三个阶段围绕上一阶段的产出对产品服务进行设计。

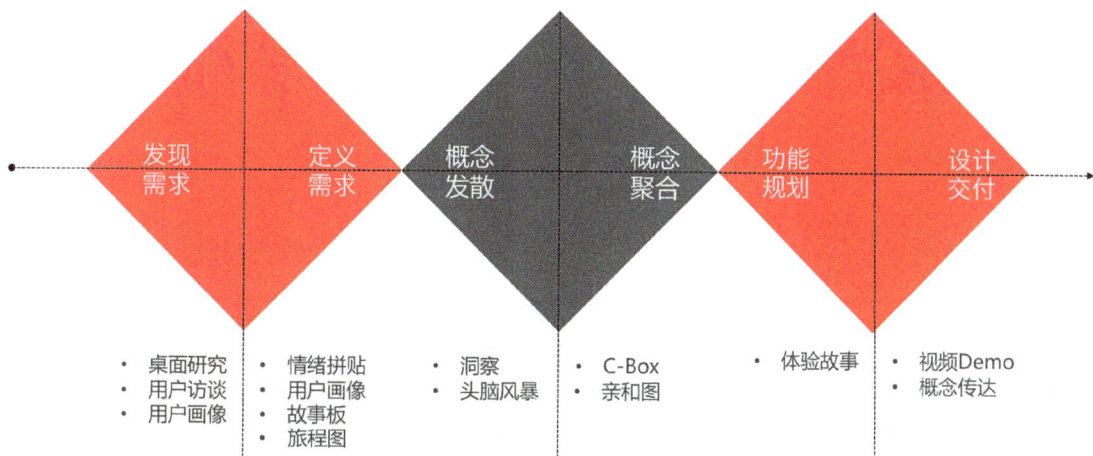

图5-32 健身小组调研方法流程图

一、桌面调研

在理解课题和确定研究方法后，健身小组开展了桌面调研工作，对健身市场的现状进行了研究，并针对市场上热门的健身类手机应用进行了竞品分析。

（一）市场调研

健身小组首先对市场上健身类手机应用的总趋势进行了调研。中商产业研究院的数据表明，2015年中国运动健身类手机应用的活跃用户规模突破2000万人，同比增长92.1%。到2018年，活跃用户规模将突破7000万人。运动健身类手机应用目前还处于用户培育阶段，用户规模在未来较长的时间内仍将保持高速增长态势。[1]2014年国家最新全民健身状况调查公报数据表明，2007—2014年，20～40岁群体的锻炼比例翻了一番。同时，这个年龄段的群体也是社会的中坚力量，具有旺盛的娱乐和消费需求，相对而言，C端消费[2]价值更高。[3]

针对桌面调研的数据，健身小组总结了健身类手机应用的总体市场

① 引自中商产业研究所。

② C端消费是指所有为个人消费而购买或取得商品和服务的个人与家庭。

③ 引自2014年全民健身活动状况调查公报。

165

现状：①全民健身意识觉醒；②运动手机应用覆盖群体，运动频次和运动时长稳步增加，群众的健身热情日渐上升；③健身风潮频起，社会关注度达到了一个顶峰，健身逐渐成为一种象征健康和正能量的时尚生活方式。

（二）竞品分析

如图5-33所示，在竞品上，健身小组选取了"KEEP""联合健身"和"燃燃身"这3款市场上热门的健身手机应用进行了分析，主要围绕产品定位、用户定位、主要功能和商业模式四个维度展开。

二、用户研究

在用户研究方面，健身小组首先通过用户访谈总结归纳出了5种与健身相关的用户关键变量，并对它们的等级进行了划分，结果如图5-34所示。其中，纵轴为从用户访谈中概括抽取出的5种用户关键变量："对健身的了解""健身频率""健身潜力""健身欲望"和"健身动机"；横轴分别对应各变量的等级，各等级下的点数为在访谈中发现属于该等级的人数。

依据图5-34的整理，健身小组进行了用户聚类工作。小组选取在纵轴五个维度上人数占比较大的等级，通过符合逻辑的组合方式聚类产生三种用户群体：健身小白、健身入门者和健身达人。同时，小组对这三种类型的用户进行了分析，分别建立了相应的用户画像。

	KEEP	联合健身	燃健身
产品定位	基本训练教学的具有社交属性的健身手机应用，打造健身闭环	社交型健身会员服务系统	按次付费的健身消费平台
用户定位	以有健身需求和兴趣的年轻群体为主的健身小白和健身达人	从小微到成熟发展各阶段的健身俱乐部，同时提供健身者和私人教练的健身管理服务	利用碎片化时间进行自由健身的健身爱好者
主要功能	1. 多样化训练课程 2. 社交：话题、动态、小组 3. 咨询：健身、饮食	1. 约课 2. 档案记录 3. 社交：微博分享	1. 付费约课 2. 健身教程 3. 社交：问答、达人
商业模式	商城盈利	合作购买	O2O+电商

图5-33 健身类手机应用的竞品分析

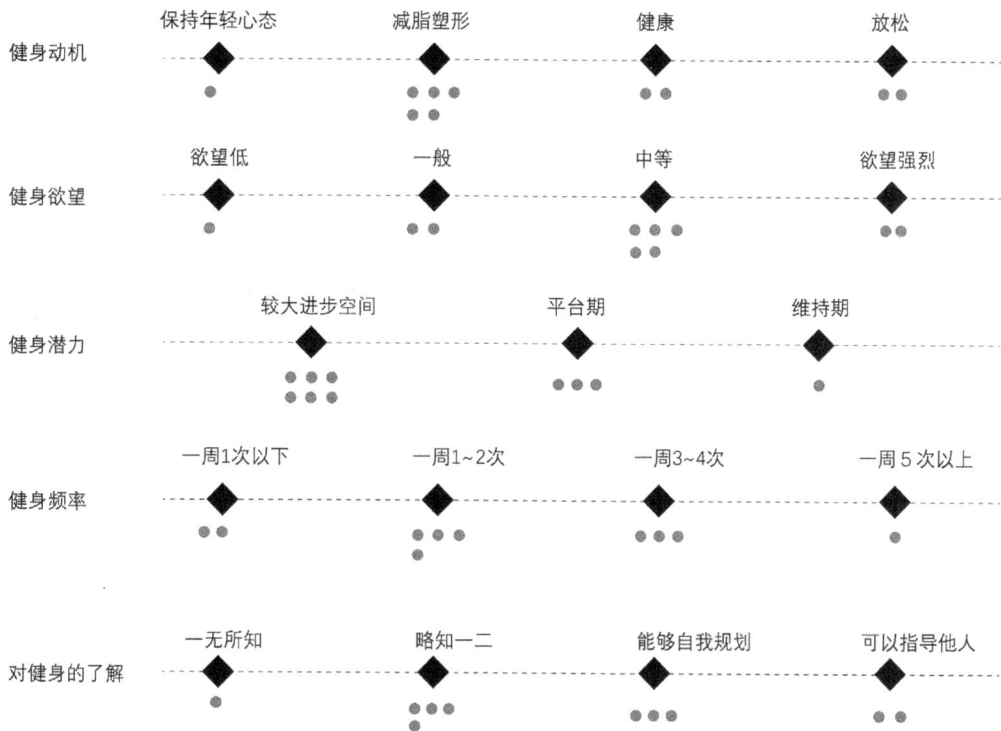

图5-34 健身用户关键变量

（一）用户聚类1：健身小白

第一类群体是健身小白，如图5-35所示。这类群体的用户没有过于强烈的健身欲望，他们的健身动机一般是减肥，对于健身的了解和健身频率都较低，但相对来说在健身潜力方面有很大的进步空间。围绕这些特点，小组建立了第一个用户画像：跟风开始健身的女大学生——李晓珊，如图5-36所示。

（二）用户聚类2：健身入门者

第二类群体是健身入门者，如图5-37所示。这类群体同样将减肥作为主要健身目的，他们有着中等强度的健身欲望，对健身的了解和健身频率都处于较高的等级，但是在健身方面的潜力处于平台期。围绕这些特点，小组建立了第二个用户画像：想要通过健身减肥的研究生——徐帅，如图5-38所示。

（三）用户聚类3：健身达人

第三类群体是健身达人，如图5-39所示。这类群体的健身动机是追求健康，他们有着强烈的健身欲望、较高的健身频率和丰富的健身知识，他们的健身潜力处于平台期和维持期，没有太大的发展空间。围绕这些特点，小组建立了第三个用户画像：将健身当作生活的一部分的陈盈，如图5-40所示。

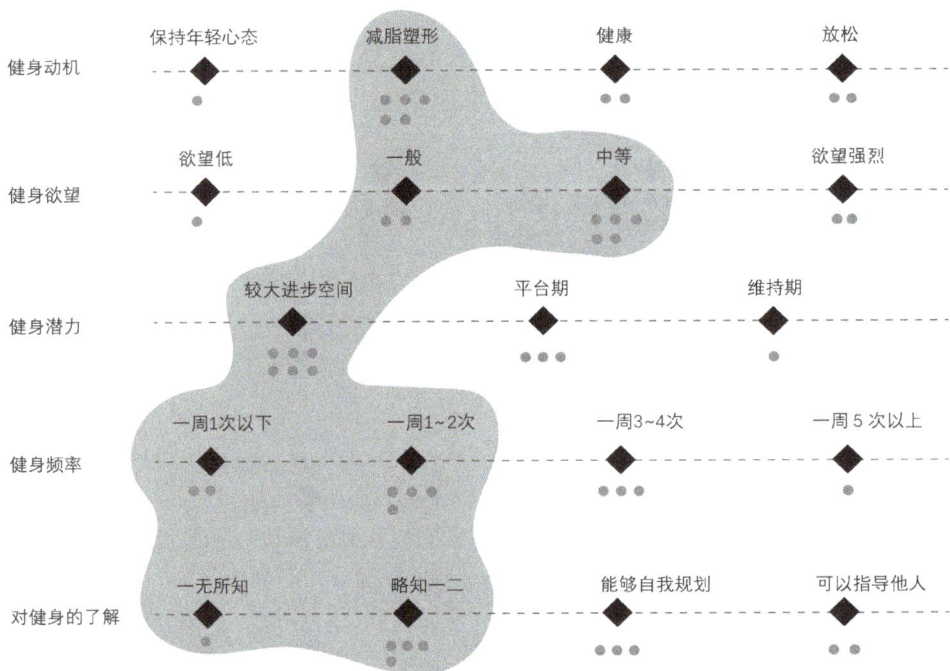

图5-35 用户聚类1：健身小白

20岁 本科生 未婚【健身小白】

"大家都在健身，我也想变好看。"

动机

鼓励
恐惧
成就
成长
力量
社交

李晓珊是一个内向的女大学生。她很想融入集体，最近健身非常火热。她心想，健身能减肥，对健康有好处，要是能通过健身和大家有共同话题就好了。

但是她不知道哪里的健身房好，也不好意思在拥挤的健身房里练得满头大汗。

挫折

- 不知道该去哪里健身
- 不好意思在人多的健身房里健身
- 不了解健身方法

需求

- 减脂塑形
- 在社交上融入群体
- 锻炼身体，改善身体状况，保持健康
- 改变自己内向的性格

图5-36 用户画像1：健身小白

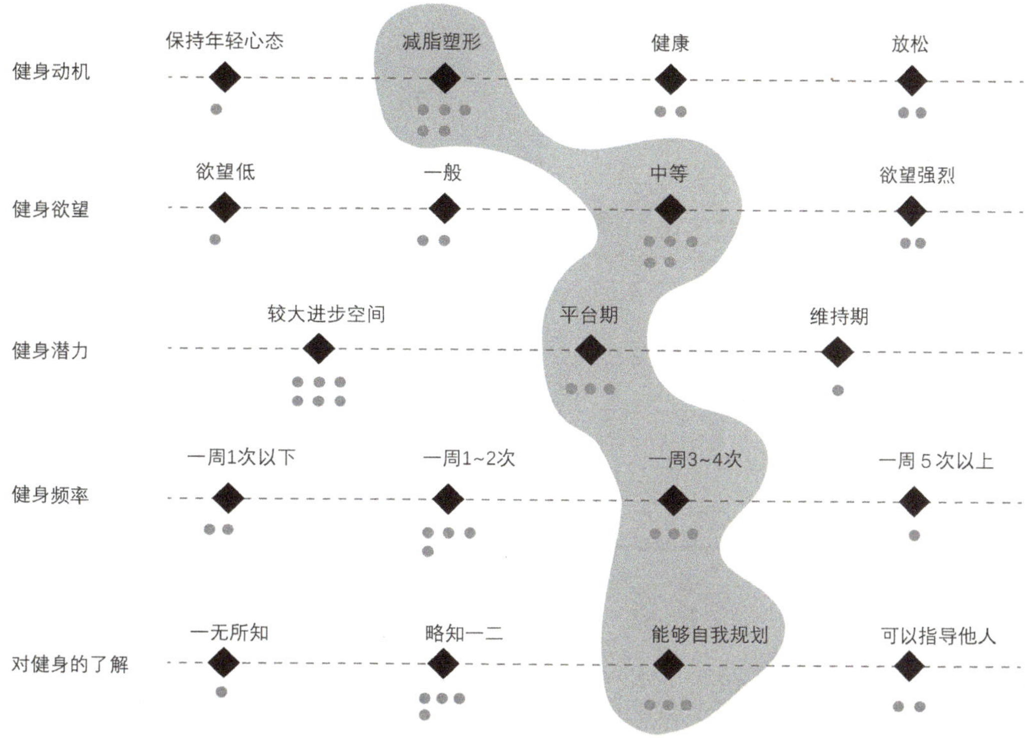

健身动机	保持年轻心态	减脂塑形	健康	放松
健身欲望	欲望低	一般	中等	欲望强烈
健身潜力		较大进步空间	平台期	维持期
健身频率	一周1次以下	一周1~2次	一周3~4次	一周5次以上
对健身的了解	一无所知	略知一二	能够自我规划	可以指导他人

图5-37 用户聚类2：健身入门者

25岁 研究生 未婚【健身入门者】

"只要我想，我就能瘦！"

内向　　外向
理性　　感性
积极　　消极

动机
鼓励
恐惧
成就
成长
力量
社交

徐帅是一个身材中等的研究生。他的减肥之旅反反复复。为了快速减肥，他什么方法都用过，也算有一套章法。但大多是自己网上查的健身方法，训练时断时续，没有长期效果验证。

挫折
- 不确定训练方法科不科学
- 短期内难以见效
- 难以长期坚持健身
- 一个人健身太孤独了

需求
- 快速减肥，快速见效
- 保持身材，不用太瘦，适中就好，有一个良好的形象
- 做一个自信的人

图5-38 用户画像2：健身入门者

健身动机	保持年轻心态	减脂塑形	健康	放松
健身欲望	欲望低	一般	中等	欲望强烈
健身潜力		较大进步空间	平台期	维持期
健身频率	一周1次以下	一周1~2次	一周3~4次	一周5次以上
对健身的了解	一无所知	略知一二	能够自我规划	可以指导他人

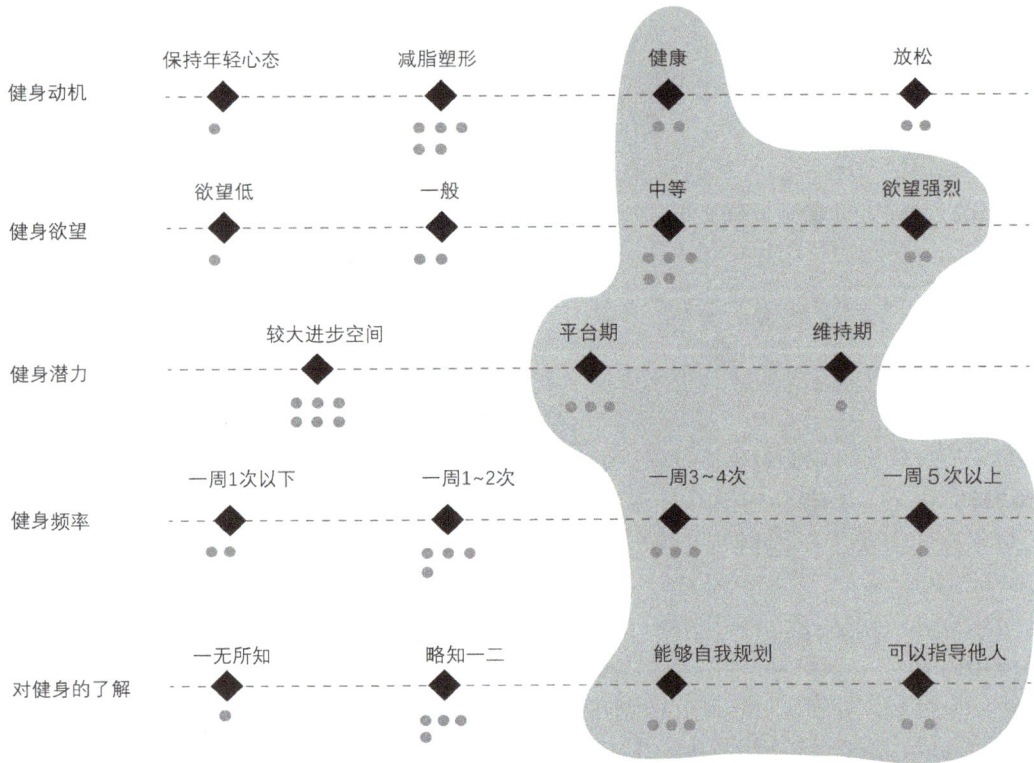

图5-39 用户聚类3：健身达人

33岁 运营总监 已婚【健身达人】

"健身是我生活的一部分！"

内向 — 外向
理性 — 感性
积极 — 消极

动机

鼓励
恐惧
成就
成长
力量
社交

陈盈有5年的健身经验。健身帮助她在产后顺利地恢复身材，也使她一直保持一个较好的身体状况。

她逐渐觉得健身的时间是一段属于自己的时间，在健身的过程中，身心状况都会有良好的提升。为了现在和将来，她觉得要坚持下去。

挫折

· 工作繁忙，空闲较少
· 健身房拥挤，有空时很难顺利健身

需求

· 保持身材
· 放松心情，保持良好情绪
· 享受自己的时间
· 为以后的身体健康打下基础

图5-40 用户画像3：健身达人

（四）锁定目标用户

在对潜在用户进行了聚类和分析后，小组开始进一步缩小用户范围以锁定某一用户群体，如表5-5所示。通过对用户画像的理解，他们分别概括了健身小白和健身入门者两类群体的四种特点，并与健身达人群体做了对比，最终确定将目标用户定位为健身小白和健身入门者。

表5-5　用户群体分析

健身小白	健身入门者	健身达人
触发：万事开头难，还没有迈出第一步 害羞：对未知的胆怯和退缩 信息来源：没有稳定的、全面的信息来源 迷茫：不确定健身能给他们带来什么	容易放弃：对全局没有把握，容易半途而废 已执行：愿意并已经为目标去努力 鼓励与指导：需要适当的鼓励与指导，以坚持下去 迷茫：不确定自己的付出是否会有回报	健身小白和健身入门者的终极目标；有充足的健身动机并具备了足够的自制能力，不太需要外界的帮助
目标用户群体：需要外界帮助才能达到目标		非目标用户群体

三、机会点洞察

（一）设计故事板和旅程图

在锁定目标用户后，小组开始提炼目标用户的特征，塑造目标用户形象，通过故事板和旅程图的形式梳理用户的行为、需求、情绪和痛点。

故事板以徐帅为主人公，描绘了他的减肥心路。在故事中，徐帅觉得自己太胖了，下决心减肥。他开始查找网上的各种减肥方法：节食、慢跑、增肌、吃减肥药……他看了一个下午的减肥攻略迟迟没有制订好减肥计划，纠结到底哪些方法是有效果的，又适合自己的。通过故事板的绘画，小组总结了用户的需求、痛点和产品的机会空间。

用户需求：徐帅需要快速制定行之有效并适合自己的减肥方案。

用户痛点：没有量身定做的现成方案；不知道网上信息的真假；选择困难；花费大量时间。

产品机会空间：帮助用户快速决策，制定方案，节约时间成本。

同时，小组还制作了旅程图，分阶段描述了一名潜在用户从决定减肥到健身保持的全流程，详细地分析了各阶段的用户行为和情感体验，并总结了用户可能出现的痛点，如图5-41所示。

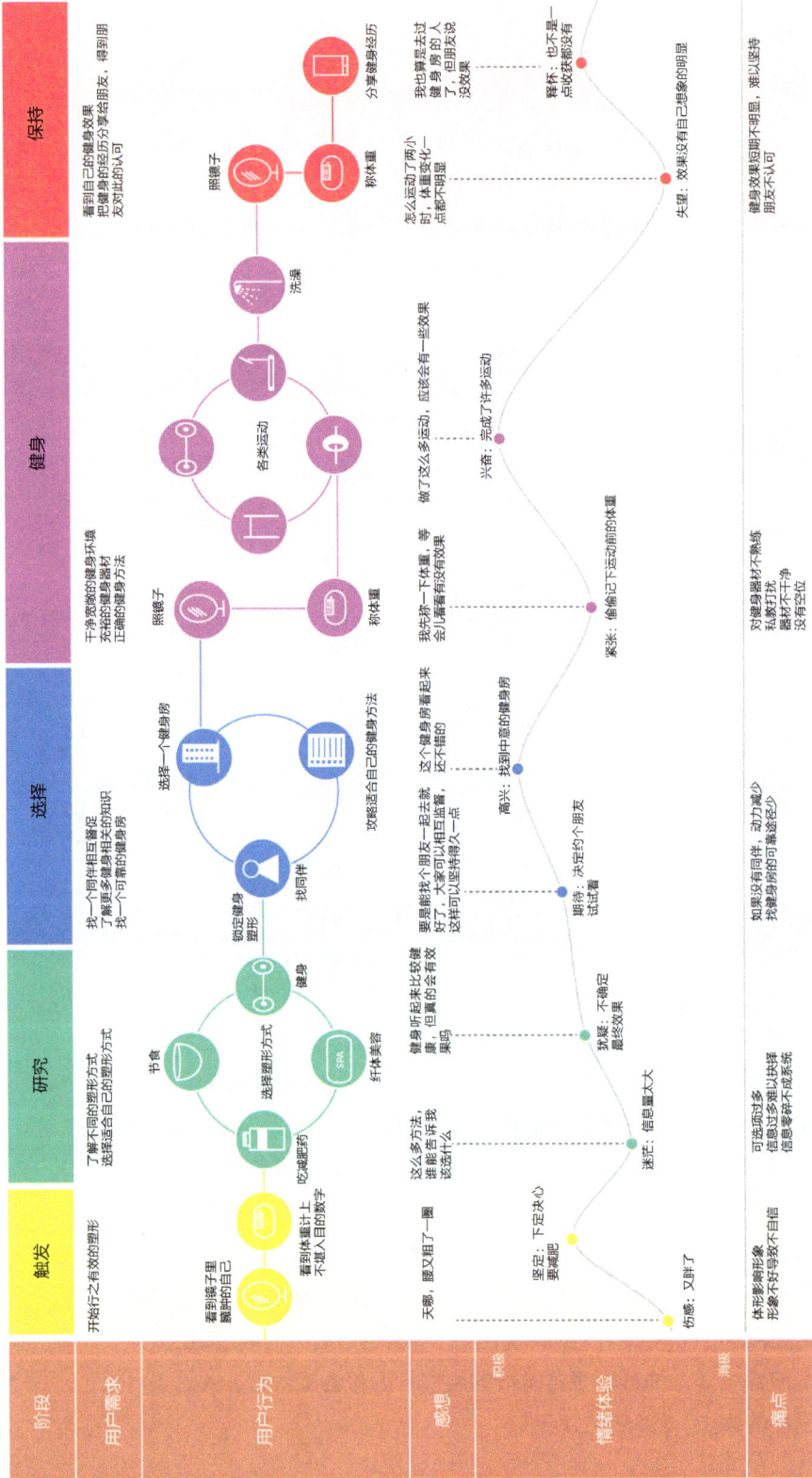

图5-41 健身小组的用户旅程图

阶段：触发　研究　选择　健身　保持

用户需求
- 触发：开始行之有效的塑形
- 研究：了解不同的塑形方式，选择适合自己的塑形方式
- 选择：找一个同伴相互督促，了解更多健身相关的知识，找一个靠谱的健身房
- 健身：干净卫生的健身环境，充裕的健身器材，正确的健身方法
- 保持：看到自己的健身效果，把健身的经历分享给朋友，得到朋友对此的认可

用户行为
- 触发：看到镜子里自己臃肿的自己，看到体重计上不进入目的数字
- 研究：吃减肥药，节食，选择塑形方式，纤体美容，SPA，健身，锁定健形塑形
- 选择：选择一个健身房，找同伴，攻略适合自己的健身方法
- 健身：照镜子，称体重，各类运动，洗澡
- 保持：照镜子，称体重，分享健身经历

感想
- 触发：天哪，腰又粗了一圈，要减肥；坚定：下定决心
- 研究：这么多方法，谁能告诉我该选什么
- 健身：健身听起来比较健康，但真的会有效果吗
- 选择：要是能找个朋友一起去就好了，大家可以相互监督，这样可以坚持得久一点；这个健身房起来还不错
- 健身：我怎样一下体重，等会儿看有没有效果；做了这么多运动，应该会有一些效果；怎么运动了两小时，体重变化一点都不明显

情绪体验（积极 / 消极）
- 伤感：又胖了
- 迷茫：信息量太大
- 怀疑：不确定最终效果
- 期待：决定约个朋友
- 高兴：找到中意的健身房
- 紧张：偷偷记下运动前的体重
- 兴奋：完成了许多运动
- 失望：效果没有自己想象的明显
- 释怀：也不是一点收获都没有

痛点
- 触发：体形影响形象，形象不好导致不自信
- 研究：可选项过多，信息过多难以抉择，信息零散不成体系
- 选择：如果没有同伴，动力减少，找健身房附近的集合较少
- 健身：对健身器材不熟练，私教打扰，器材不干净，没有空位
- 保持：健身效果短期不明显，难以坚持，朋友反应认可

（二）行为洞察

依据旅程图，健身小组开始提取用户在减肥的各个阶段的关键行为并进行洞察，共得到了如下几个洞察点。

1. 健身信念

徐帅把健身当成很难的任务，不会特意预留出时间来健身，一有借口就放弃健身。他如果能把健身当成内在兴趣，在遇到困难时更有可能坚持下来。支持这个洞察点的典型用户行为是徐帅一周去健身房的次数比较少；每次健身前要准备器械、要洗衣服，这些琐事让他认为健身是一件麻烦的事情。

在洞察行为后，健身小组围绕这些洞察点以HMW的形式提出了问题，并利用头脑风暴的方法拓展了思路，提出了问题的解决方案，如图5-42、图5-43所示。

小组随后对提出的解决方案进行了整理，提出了一个解决思路流程，主要包括建立信心和积极反馈两个方面，涉及六个阶段：了解健

图5-42 HMW的问题提出

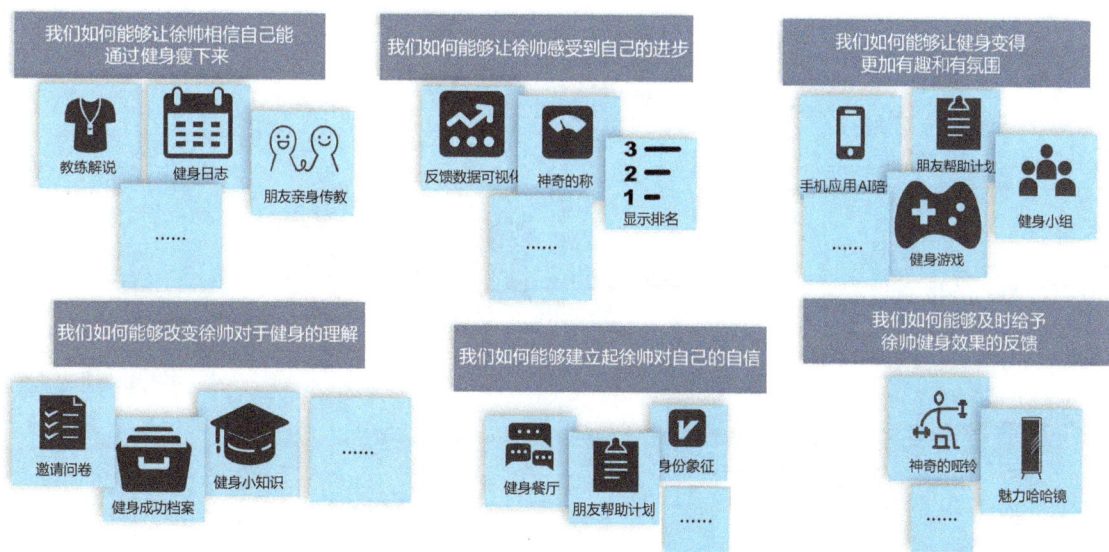

图5-43 头脑风暴过程

身、改变认知、情绪提升、及时的视觉反馈、身体反馈和获得自信，如图5-44所示。

2. 健身态度

目前，徐帅有一种错误的健身观点。他认为通过节食就可以很快瘦下来，而健身并没有什么用。因此在现阶段，他需要科学地了解健身知识，树立正确的健身信念。

3. 健身支持

徐帅需要健身氛围、专业的支持和计划安排以及同伴的陪伴激励。支持这个洞察点的典型用户行为有以下几个方面。

① 徐帅去球队训练了，和大家在一起锻炼激发了他的健身兴趣。接下来的几天，他打乱了原来的安排，强迫自己每天都健身两小时。

② 徐帅开始节食和进行大消耗运动，想要快速瘦下来。他很认真地按照教练的计划做，但没有很快瘦下来，他很失望。

③ 徐帅由于不恰当的健身方式受伤了，近期都不能再健身了。他有点自暴自弃，体重开始上涨。

④ 当开始忙起学业时，徐帅似乎有了正当理由不去健身，开着电脑也没在学习，但是也没去健身。

⑤ 徐帅遇到了健身成功的同学。同学发了很多资料给他，并贴心地为他制订了健身计划。他没有健身，只是觉得同学能坚持下来很厉害，自己可能坚持不了。

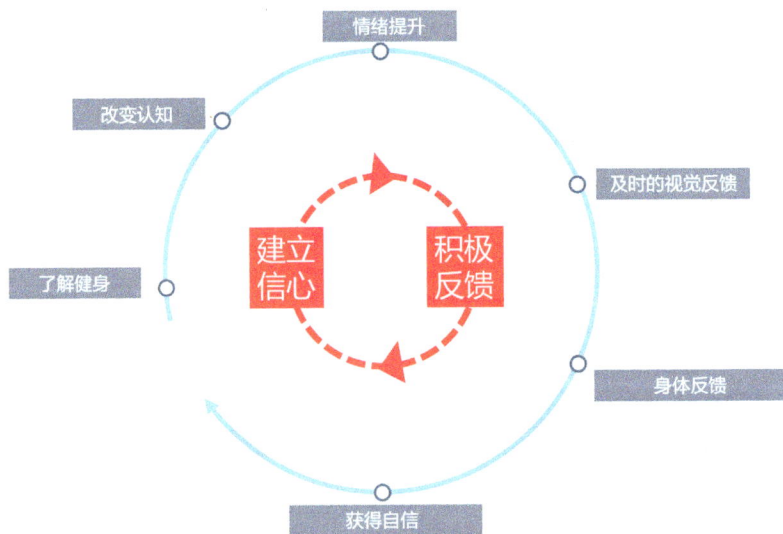

图5-44 解决思路流程

⑥ 徐帅在健身房里有点尴尬，不太会用器械，做了几组热身后，去操场跑步了。

4. 健身成效

徐帅有健身的动机。他需要及时看到成效，才会相信健身是有用的，自己是能瘦下来的。

支持健身态度和健身成效的典型用户行为是徐帅连续称了几天的体重，认为自己又重了，这几天都不吃晚饭；认为节食比健身有用且方便。

四、产品设计

在明确解决思路后，健身小组开始着手具体的产品设计工作。

（一）设计概念

健身小组采用了"要你好受"这一设计概念，率先解决用户心理上的障碍，通过给予积极反馈帮助用户建立信心，使用户首先相信自己可以通过健身瘦下来，让他在"心理好受"的基础上自然而然地达到"身体好瘦"的最终目标，从而进一步巩固"心理好受"，形成一个稳定的三角形，如图5-45所示。

据此，小组对于产品的定位为：在健身期间，为对健身心存疑虑的尝试者提供一个帮助他们增强信心并提供积极反馈的线上线下联动平台。依据定位，小组规划了设计渠道：通过产品"要你好受"联结用户和健身房，从线上和线下两种渠道来帮助用户建立积极的健身体验，如图5-46所示。

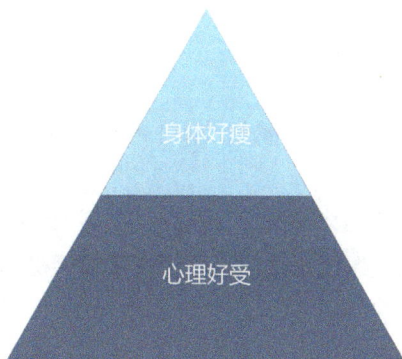

图5-45 "要你好受"的设计概念

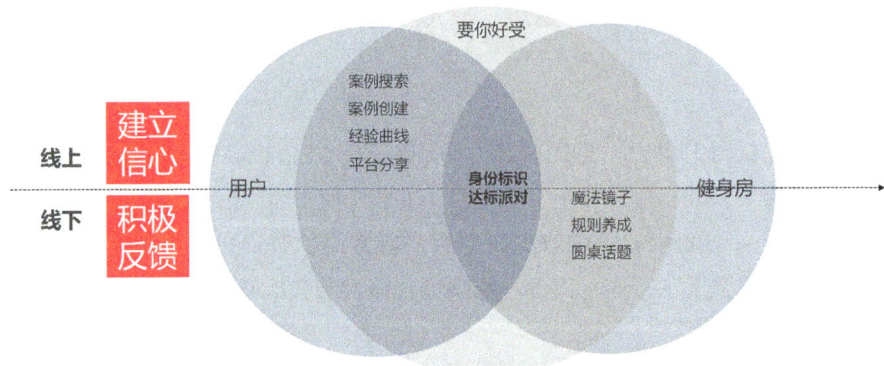

图5-46 "要你好受"的设计渠道

（二）产品功能

1. 功能总述

"要你好受"包括线上和线下两种平台，共9种核心功能，从建立信心和积极反馈两个方面为用户提供全面的健身支持，如表5-6所示。

表5-6 "要你好受"功能表

功能	线上功能			线下功能
目的	增强健身信念	改变健身态度	加强健身支持	增强健身成效
具体实施	案例搜索 案例创建	经验曲线	平台分享 圆桌话题 身份标识	魔法镜子 规则养成 达标派对

2. 线上功能

"要你好受"的线上平台主要包括如下几种功能，如图5-47所示。

（1）案例搜索

健身圈子提供精准的案例搜索，摒弃以往高大全的成功案例，让用户输入想要塑形的部位，系统自动匹配和用户需求相符的成功案例，其具有较高的参考价值，如图5-48所示。

（2）案例创建

系统帮助用户明确自己的塑形目标，并在圈子内创建属于自己的案例，让用户记录自己每天为目标而做出的努力和产生的效果。关键词精准创建也可以很方便地作为案例的补充。

（3）经验曲线

① 按照用户的现状和目标给出有参考价值的达标过程，如图5-49所示。

② 根据圈子内已有的案例，拟出符合用户初始状况和目标状况的假设曲线，给用户可以参考的变化曲线。

③ 让用户掌握自己身体可能发生的变化过程和趋势，增加平台期时用户的信心和可控感，帮助用户处理平台期时对健身的消极态度，平稳度过平台期。

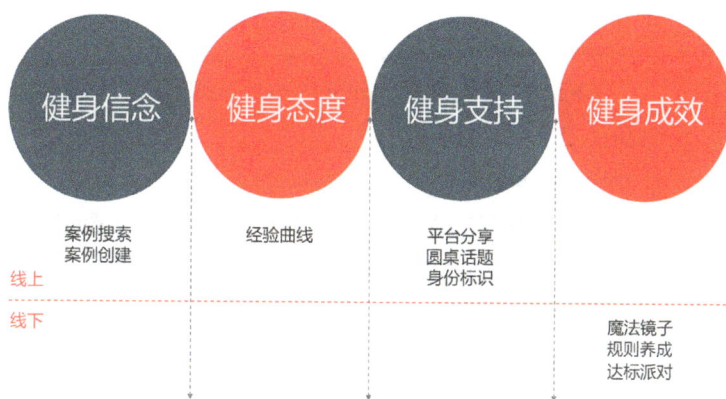

图5-47 "要你好受"的产品功能分布

◆ 案例搜索　　　　　　　　◆ 案例创建

图5-48 "要你好受"的案例功能

当前体重：68Kg
目标体重：50Kg
正在为您计算塑形曲线……

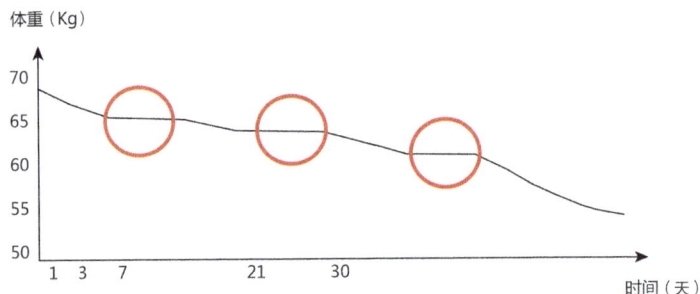

图5-49 经验曲线功能

（4）平台分享

系统为用户提供多种社交平台分享的方式，包括"要你好受"的内部健身社交平台。

（5）圆桌话题

根据瘦身部位或体型，用户可以自发创建话题圆桌，以便让有相同困扰的用户在此相互交流经验，相互鼓励。

（6）身份标识

系统根据健身的时长和效果计算每位用户的经验值，建立等级体系。这不仅满足了健身入门者想要寻求经验的需求，而且满足了健身达人想要分享自己的心得体会和在自己擅长的方面得到关注的需求。

3. 线下功能

（1）魔法镜子

该功能旨在帮助健身房改造用户出入口，如图5-50所示。为所有加盟的健身房安装效果夸张的哈哈镜，在用户入口处安装镜像变胖的哈哈镜，在出口处安装变瘦的哈哈镜。用户虽然在理智上知道这些变身效果其实是哈哈镜导致的，但在心理上还是会被镜像自我暗示，认为自己的健身有一点效果，同时可以增加健身房整体的趣味性。

（2）规则养成

该功能旨在借鉴社会心理学中社会规范形成的过程，帮助加盟健身房形成相互夸赞的友好氛围，让每位用户感受到良好的社会支持和温暖的鼓励。

（3）达标派对

当完成给自己设定的目标时，达标用户和与他在"要你好受"平台有过互动的朋友以及经常和他同一时间来健身的朋友都会收到派对邀请，在一起流过汗、一起努力过的健身房见证彼此的成功，为完成阶段目标而庆祝。同时达标用户还会被邀请进行经验分享，感受到在健身房内的自我价值。

图5-50 魔法镜子功能

4. 产品使用流程

结合产品功能，产品使用流程如图5-51所示。

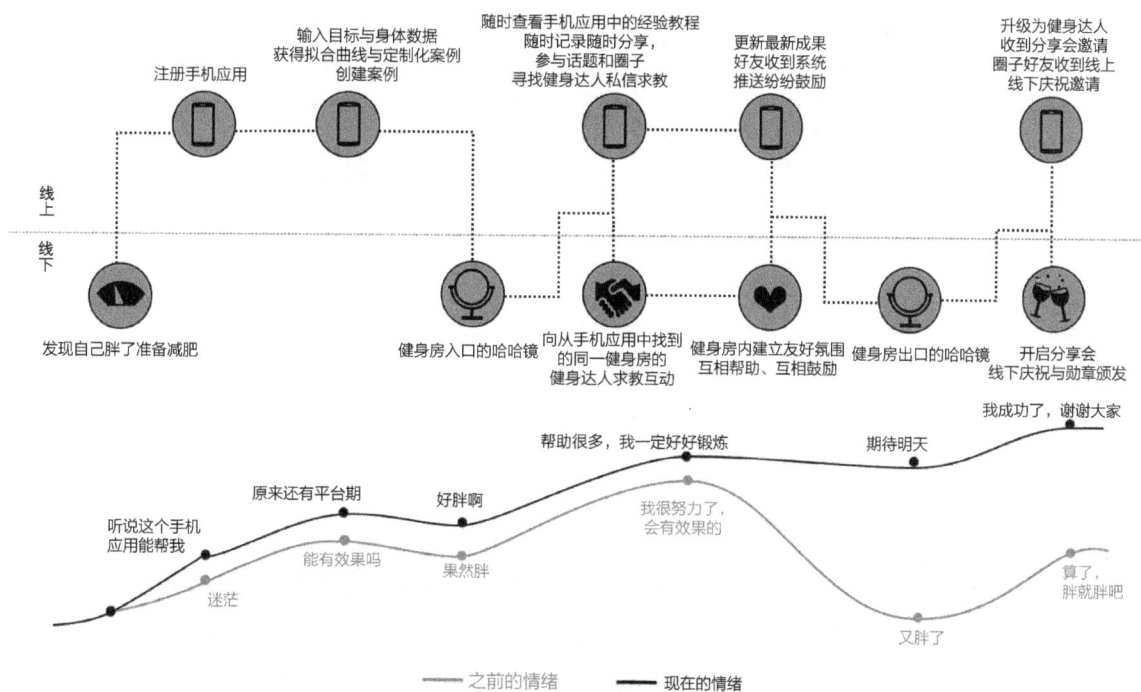

图5-51 "要你好受"的产品使用流程

5. 商业化探索

除了产品设计之外，健身小组还从市场的角度出发分析了本组产品的独特价值和盈利模式，如图5-52、图5-53所示。

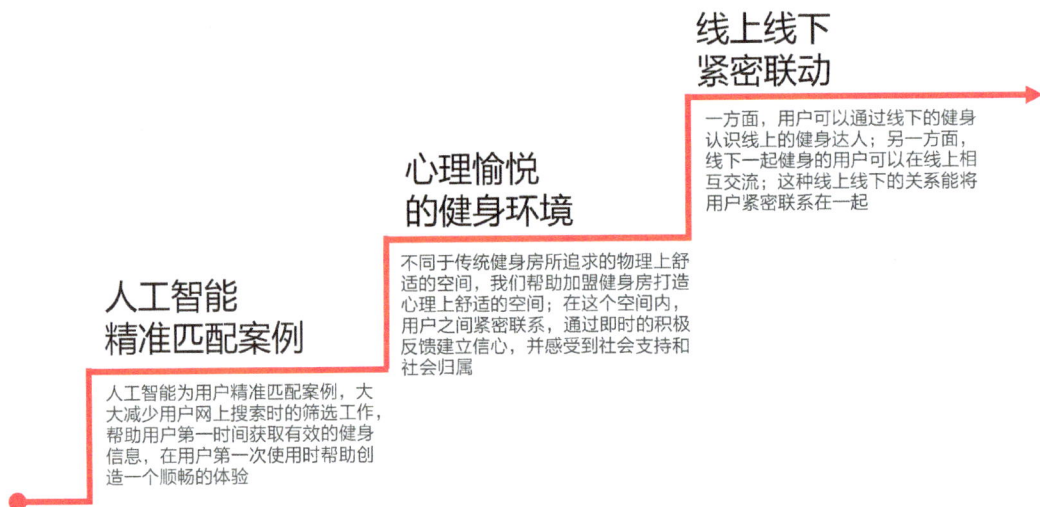

线上线下紧密联动

一方面，用户可以通过线下的健身认识线上的健身达人；另一方面，线下一起健身的用户可以在线上相互交流；这种线上线下的关系能将用户紧密联系在一起

心理愉悦的健身环境

不同于传统健身房所追求的物理上舒适的空间，我们帮助加盟健身房打造心理上舒适的空间；在这个空间内，用户之间紧密联系，通过即时的积极反馈建立信心，并感受到社会支持和社会归属

人工智能精准匹配案例

人工智能为用户精准匹配案例，大大减少用户网上搜索时的筛选工作，帮助用户第一时间获取有效的健身信息，在用户第一次使用时帮助创造一个顺畅的体验

图5-52 产品的独特价值

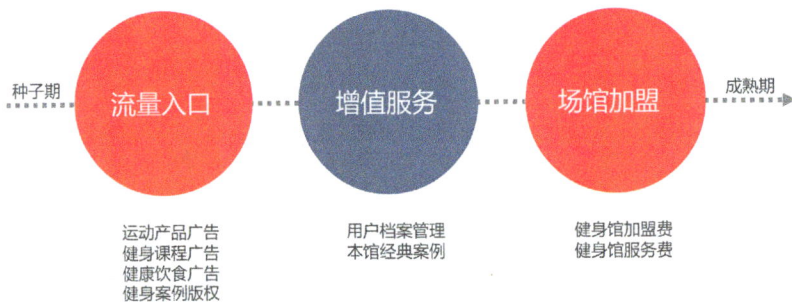

种子期 —— 成熟期

流量入口
运动产品广告
健身课程广告
健康饮食广告
健身案例版权

增值服务
用户档案管理
本馆经典案例

场馆加盟
健身馆加盟费
健身馆服务费

图5-53 产品的盈利模式

五、教师点评与学生反思

（一）教师点评

蔡晴晴："用户画像并非为了用这种方法而做，它是要为进一步的工作提供逻辑支撑，比如说在进行产品功能设计时，在讲故事板时，做推广时，都可能要随时使用这个工具。这一组在这个方面做得很好。还有一个很好的地方是这一组尝试引用了数据，虽然受时间限制，数据并不多，但是用

数据去支撑想法的方法非常好。他们已经从理性的角度出发，用数据支持'大家喜欢健身'这个概念，我建议他们可以再从感性的角度入手，让用户更能理解和共情。比如，大家都很喜欢夜跑这样的例子，可以让大家更能理解健身将是一种趋势。我建议他们可以再多做一些竞品分析。现在市场上的健身产品非常多，只有充分掌握其差异性，才能做到脱颖而出。"

王阅微："给我印象很深的是他们整理洞察和需求这部分的内容。他们提出了一个很有趣的架构：信念、态度、支持和成效。这是一个很好的框架，但是他们在后边的解决方案上缺少了将方案和框架联系起来的过程。比如，用户在使用了这个产品后会获得了更多的支持吗？如果能前后呼应起来会更好。"

（二）学生反思

健身小组成员：付颖、赵嘉宁、苗淼、喻易浩佳、潘登卓、王潇绪、方圆、方昱沣、王桧银和张恒阳。

"用户研究和体验设计的流程中要时刻关注用户的情绪体验，关注不同阶段由不同事件所触发的情绪变化；概念传达的阶段需要注重从情感方面打动用户，这样可以取得意想不到的效果。

"人总有会认为自己的点子特别出色的时候，我也常在头脑风暴的时候喜欢自己想出的某一个点子，舍不得放弃它。但是一个点子很可能仅仅只是一个想法，如果它不能得到有效的验证和规划，它就永远只能是一个空中楼阁中的幻想，是不会落地成为现实的。

"所谓'思维是一种习惯，方法是一种选择'，这让我了解到前进的道路并不是只有一条，可能也并不存在唯一的正解。

"驱使用户产生购买行为的有时候并不是产品有什么功能，这些功能有多伟大，而是为什么要有这样的功能和产品，这就是设计中触动人心的点。"

第四节　陪　伴

扫码观看视频：
陪伴

　　陪伴是人们生命中不可缺少的一部分，是人们生活中必须面对的主题。不同的人对陪伴的理解不同，陪伴小组经过讨论，得出关于陪伴的定义：陪伴是由双方或多方通过情感层面进行互动、度过相同的时间，进而给彼此带来愉快、平和、积极的体验。无论陪伴有形或无形，它都有助于人与人之间关系的建立与维护。基于对课题的理解，陪伴小组延承了传统的陪伴概念，并从陪伴者与被陪伴者的角度展开调研。图5-54为陪伴课题组报告封面。

　　不同的人对陪伴的需求不同，对陪伴的需求强度也不一样。为了确定合适的目标用户群体，陪伴小组总结了对陪伴的需求程度较高的三类群体，分别是宅男、新晋妈妈和老年人，并从个人特点、日常行为、追求的目标和潜在陪伴情境四个维度对群体进行初步分析，如表5-7所示。

图5-54 陪伴课题组报告封面

表5-7　宅男、新晋妈妈和老年人的特征分析

	个人特点	日常行为	追求的目标	潜在陪伴情境
宅男	性格较为内向，但喜欢虚拟社交；空闲时间里热衷于待在相对私密的空间；沉迷于自己的兴趣、爱好	不善于面对面与人交往；看动漫；画同人漫；喜欢养宠物	追求最便捷的生活方式；实时把握最新的热点信息；希望有倾诉对象	在家、公园、虚拟世界
新晋妈妈	角色转变，对能否胜任母亲角色表示担忧；对自身、宝宝及未来的焦虑；由于宝宝在身边，需要及时的帮助	常常需要半夜起床照顾宝宝；需要时刻关注宝宝的健康；带宝宝出门散步	宝宝能够健康成长；能有营养丰富的饮食；能恢复身材；减轻照顾宝宝的压力；增加自己的关注度；顺利地转换角色	在家、早教机构、公园、医院
老年人	不想给子女添麻烦；需要照顾；节俭	希望身边有人能够陪自己聊天；希望自己身体健康而不让子女担心	行动不便；需要即时吃药（患有老年疾病）；有一定的自理能力	在家、公园、超市

一、桌面调研

为了找到对陪伴的需求程度较高及具有研究价值的目标用户群体，陪伴小组围绕宅男群体、新晋妈妈群体和老年人群体展开了桌面调研工作，最终确定了以老年人群体为目标用户群体进行深入研究。

经过桌面调研，该小组发现中国老年人群体具备以下特征，这是选择老年人群体作为目标用户群体的原因。

一是老年人的人口数量大且持续增长。国家统计局的数据统计表明，2007—2020年，中国60岁以上的人口数量及比重将呈现持续增长的趋势。据预测，到2020年，60岁以上的人口数量将达到2.48亿人，占全国人口的17.2%。由此可见，老年人群体需要受到更多的关注，老年人消费群体规模逐渐增大。

二是老年人的抚养比率持续上涨。根据中国产业信息网数据可以预测，2020年的老年人抚养比为16.9%，2050年的老年人抚养比将上升到27.9%。由此可见，当代年轻人的工作和生活压力是巨大的，这导致年轻人陪伴老年人的时间更少。

三是老年人的认知能力下降。随着年龄的增长，老年人的认知能力会出现衰退，主要表现为感知觉的衰退、记忆力的衰退以及流体智力的衰退。老年人认知上的变化使得老年人的产品和服务具有特殊性与可挖掘性，其用户体验需要受到更多的重视。另外，目前老年人的产品和服务在市场上存在较大空白。

四是老年人的心理健康状况需要得到更多的关注。家庭对老年人的心理健康有较大影响：①国内空巢老人数量大，且心理健康状况不容乐观，国

内老年人的产品和服务与国外相比，存在较大差异；②中国人在传统上比较认同家庭养老，因为在家中养老的老人可以和亲人有更多的交流与互动，由此可以体验到更多的亲子支持和家庭的安全感与归属感；③家庭环境，包括家庭和睦和儿女的孝顺程度会对老年人发生抑郁的风险有较大的影响；④与朋友、邻居等的交往频度对老年人的主观幸福感有显著的预测作用，老年人与朋友、邻居等交往频率越高，老年人的主观幸福感越高。

五是家庭、政府和社会在养老保障中的投入不断加大，老年人的消费市场规模不断扩大。

六是随着物质生活水平的不断提高，人们对养老的需求已经不再仅仅局限于衣食住行等基本生活保障，而是更重视对心理及精神需求的满足。

由此可见，陪伴对于老年人群体是非常重要的，老年人群体也有很大的市场空间。以此为依据，陪伴小组将目标用户群体定义为老年人群体。此后，他们调研了部分国家老年人陪伴服务体系的基本情况，为后续产品的设计拓宽思路，如表5-8所示。

表5-8　部分国家老年人陪伴服务体系的基本情况

	美国	英国	日本
优势	满足老年人对健康管理、护理、医疗等基本养老需求；在同一社区满足老年人不同生理年龄阶段的不同养老需求；经营方式上的可取之处	完善的建设、管理和服务标准；以人为本；充分发挥民营志愿组织的力量；有严格的监督管理体制；注重社区照护服务的发展	多元化养老模式；具有可选择性；人性化与关注人权；安全舒适
缺点	前期资金投入较大；必须取得用户的信任；被不法分子钻空子实行诈骗	经济衰退，社会服务费用缩减；护理丑闻频发，服务满意度下降；护理人员收入低，流动性高	利用周边国家的廉价劳动力提高自己赡养比的日子快结束；下游老人增多①

① 下游老人，是指无法维持一般的生活水平，被迫过着底层生活的老年人。

由于国家之间的国情和文化差异较大，不同国家的老年人陪伴服务体系存在较大差异，不能盲目照搬国外的服务体系。从文化与观念的角度来看，中国的老年人持有故乡情结，他们更希望在自己居住的地方养老，而不是让子女将自己送到某个陌生的地方接受养老服务。接下来，陪伴小组进行了用户研究，了解中国老年人群体的特点及他们对陪伴的需求。

二、用户研究

陪伴小组主要通过用户访谈的形式对目标用户群体进行了解和分析，并根据结果进行聚类，以此建立用户画像。

（一）用户访谈

访谈的目的包括以下几个部分：①了解老年人群体目前的生活状态；②探寻老年人的心理需求；③发现老年人的人际偏好；④了解老年人群体对陪伴的理解和期望。

围绕这四个目的，陪伴小组制作了访谈大纲，主要涵盖基本资料、生活状态、价值观和分享意愿以及需求四个维度的问题，如图5-55所示。另外，为了让老人在接受访谈时更放松，小组采取入户访谈的方式进行访谈。

小组一共访谈了7名用户，访谈对象的信息如图5-56所示。

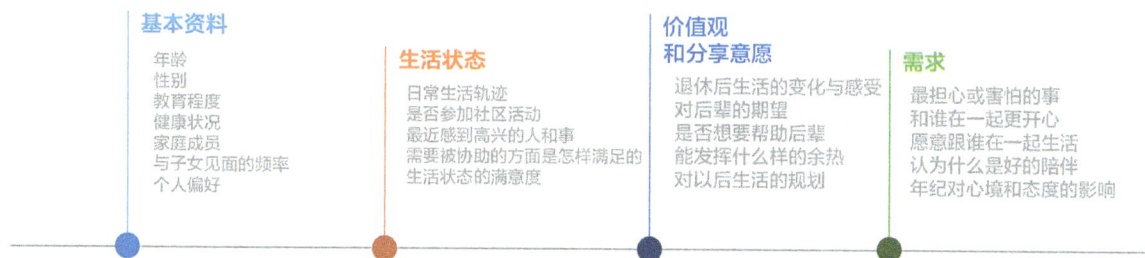

基本资料
年龄
性别
教育程度
健康状况
家庭成员
与子女见面的频率
个人偏好

生活状态
日常生活轨迹
是否参加社区活动
最近感到高兴的人和事
需要被协助的方面是怎样满足的
生活状态的满意度

价值观和分享意愿
退休后生活的变化与感受
对后辈的期望
是否想要帮助后辈
能发挥什么样的余热
对以后生活的规划

需求
最担心或害怕的事
和谁在一起更开心
愿意跟谁在一起生活
认为什么是好的陪伴
年纪对心境和态度的影响

入户访谈： 熟悉的环境，让老人感到放松，会更健谈，使访谈的内容更真实；根据受访者家里的真实状况来评估其更深层次的性格、生活状态、潜在需求及其背后的原因

图5-55 访谈大纲

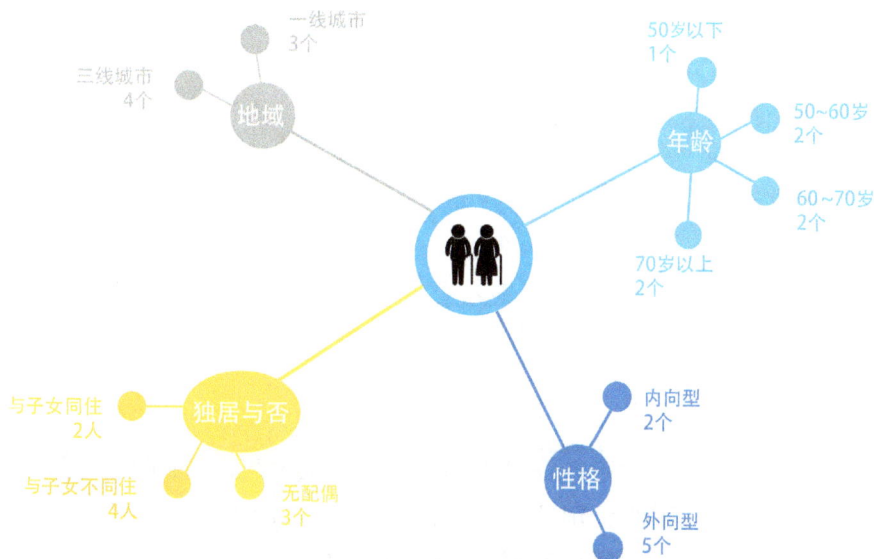

一线城市
3个

三线城市
4个

地域

50岁以下
1个

50~60岁
2个

年龄

60~70岁
2个

70岁以上
2个

与子女同住
2人

独居与否

与子女不同住
4人

无配偶
3个

内向型
2个

性格

外向型
5个

图5-56 访谈对象的信息

访谈后，陪伴小组对访谈结果进行了整理，概括出了以下三个方面的信息。

第一，老年人可以分为外向型和内向型两类。这两类老年人的生活状态存在差异：外向型的老年人倾向于尝试更多的社交活动，相比之下，内向型的老年人与社会的联系较少。

第二，不同类型的老年人之间存在相似性。无论何种类型的老年人，都有了解子女的生活、被及时的照顾以及拥有自己的生活空间这三个需求。

第三，依据访谈，小组将人际交往需求、身体健康状况、活动参与积极性和电子设备需求强度四个维度作为用户细分的关键变量，并得到了三类群体，如图5-57所示。

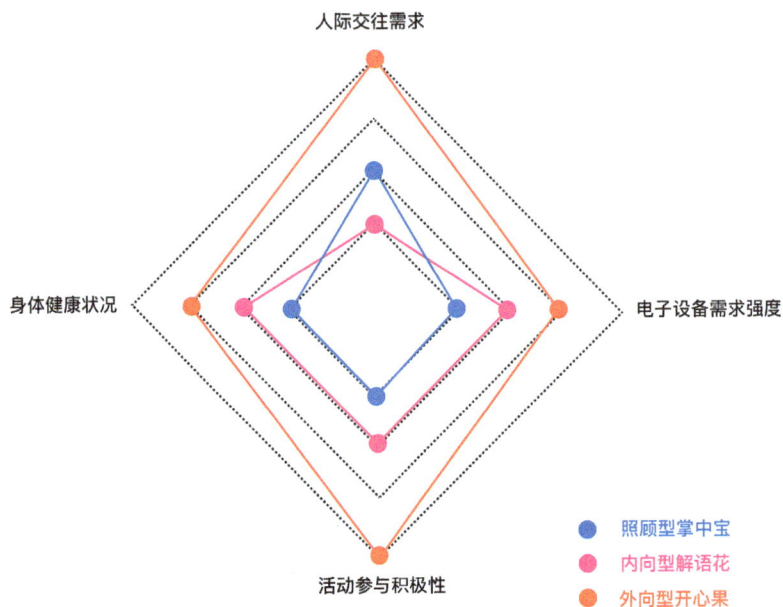

图5-57 用户细分

（二）用户画像

通过用户细分的三类结果，小组建立了三种不同类型的老年人群体用户画像，分别是"照顾型掌中宝""内向型解语花""外向型开心果"。同时，由于用户在访谈中反映他们对陪伴的期待更多的是来自子女，为了更加全面地分析他们对陪伴的需求，小组还建立了一个关于子女的用户画像，不仅仅从被陪伴者的角度进行分析，还从陪伴者的角度进行分析，以满足陪伴的双向的特点。

1. 照顾型掌中宝

赵正和，80岁
不爱说话
喜欢在家里看电视、静静观察子女的生活

生活场景

- 身体状况不是很好，常待在家中
- 在家中喜欢自己一个人整理桌子、房间等
- 非常注重自己的身体状态，不让子女担心，需要按时吃药
- 耳朵和眼睛不是很好，常常静静观察子女的生活状态

痛点

- 不能与子女有较好、较顺畅的沟通
- 不能得到及时的照顾和陪伴
- 社交活动很少

"希望子女、孙女健康成长，他们好我就安心了。"

图5-58 照顾型掌中宝

2. 内向型解语花

军霞，70岁
内向，不善于交际，更喜欢一个人独处
喜欢看书、看电视、书法

生活场景

- 与社会的联系变少
- 对社区活动不了解
- 一个人待在家里看电视，看报纸、杂志和书等
- 与儿女存在代沟，交流话题局限在生活
- 每天定时吃药；身体不适的时候需要及时吃急救药品

痛点

- 身体状况不好，需要他人及时的照顾
- 没有太多的兴趣爱好，过度关注自己的身体状况，对生活感到悲观
- 缺少倾诉对象，认为与社会的联系变少

"书中自有黄金屋，七十余年的生活经验希望能够帮到你。"

图5-59 内向型解语花

3. 外向型开心果

李国庆，60岁
外向，闲不住，喜欢和朋友相处
喜欢书法、钓鱼、下棋、锻炼身体和朋友郊游

生活场景

- 身体条件很好，不认为自己是老年人，有时会打零工
- 喜欢和志同道合的朋友一起去钓鱼
- 在老年大学学习乐器和书法、绘画等技能，培养自身的兴趣爱好

痛点

- 想发挥余热，但不想工作太累或压力太大
- 希望给子女分享自己的经验，提供建议，但是子女更愿意接收外人的意见而不是家人（老人）的意见
- 与老伴没有过多精神上的交流
- 愿意尝试新东西，但是不舍得花钱，希望能把钱留给子女

"你的开心就是我的开心，想与大家分享我的快乐。"

图5-60 外向型开心果

4. 独力型小棉袄

徐怡，30岁
独立自主，事业心强，追求生活品质
喜欢旅行、美食、逛街

生活场景

- 在一线城市工作，每年会有一段时间回去陪父母小住
- 平时与父母视频联络，主要交流生活状态和生活经验
- 回家的时候会给父母购买生活用品或者衣服当作礼物，但是父母往往不舍得用

痛点

- 关心父母，却因为在异地工作，无暇顾及父母
- 父母因为陌生的环境和没有朋友，不愿意到大城市生活
- 父母退休后，生活圈子越来越小，希望父母能够有渠道去结识更多的朋友，生活能过得丰富多彩

"年轻就是要折腾。"

图5-61 独立型小棉袄

三、机会点洞察

在建立了用户画像后，陪伴小组以老年人一天的生活为主线制作旅程图，探寻每一个阶段产生的需求和痛点，并挖掘其中可能的机会点，如图5-62所示。

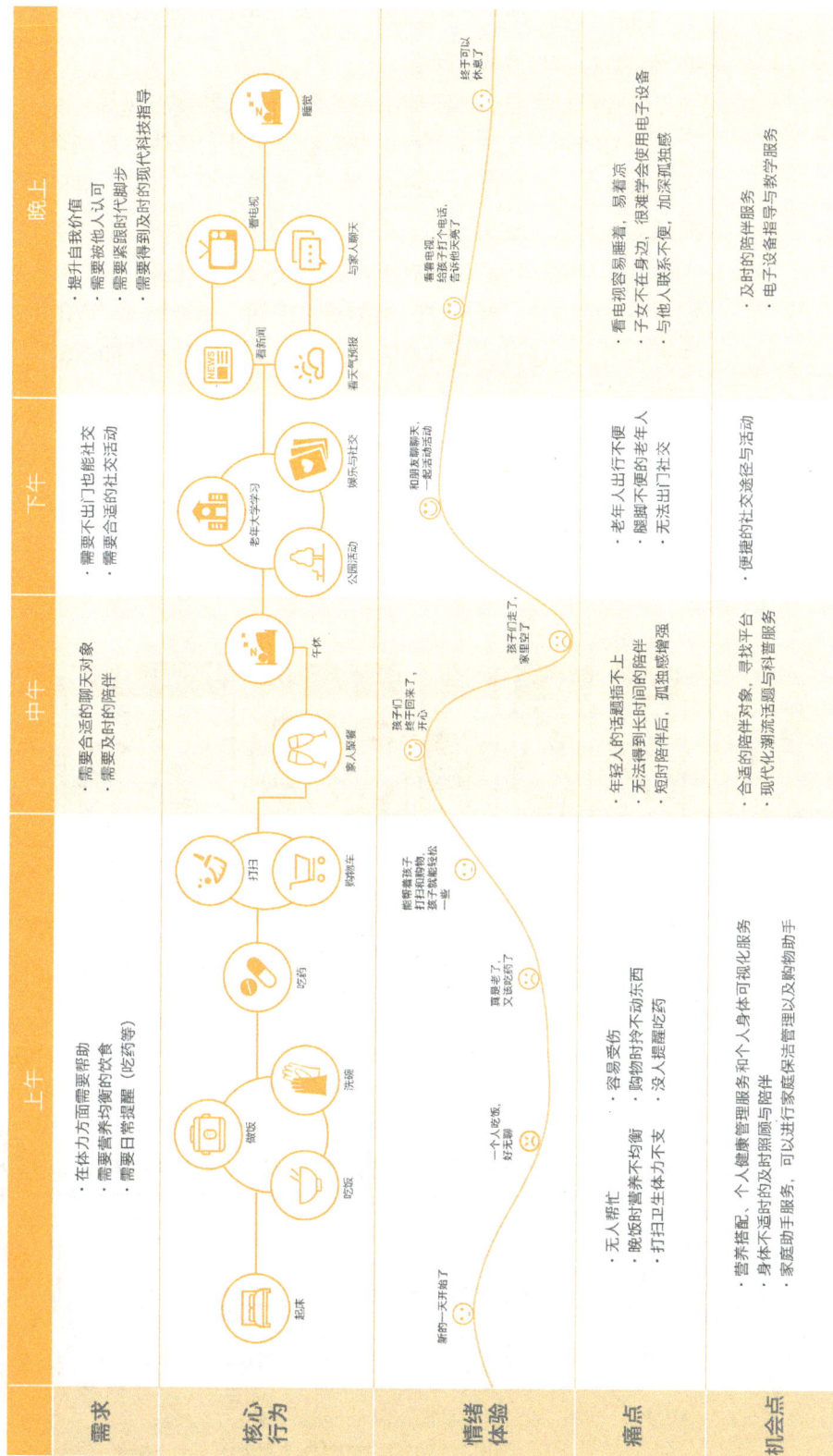

图5-62 陪伴小组的用户旅程图

	上午		中午	下午	晚上
需求	·在体力方面需要帮助 ·需要营养均衡的饮食 ·需要日常提醒（吃药等）		·需要合适的聊天对象 ·需要及时的陪伴	·需要不出门也能社交 ·需要合适的社交活动	·提升自我价值 ·需要被他人认可 ·需要紧跟时代脚步 ·需要得到及时的现代科技指导
核心行为	起床　吃饭　洗漱　吃药　打扫　网购车		家人聚餐　午休	公园活动　老年大学学习　娱乐与社交	看新闻　看天气预报　看电视　与家人聊天　睡觉
情绪体验	新的一天开始了　一个人吃饭，好无聊　买东西，又该吃药了　照顾着孩子，打扫和购物，孩子我就能轻松一些		孩子们终于回来了，开心　孩子们走了，家里空了	和朋友聊聊天，一起做活动	看看电视，给孩子打个电话，告诉他天凉了　终于可以休息了
痛点	·无人帮忙 ·晚饭时营养不均衡 ·打扫卫生体力不支	·容易受伤 ·购物时拎不动东西 ·没人提醒吃药	·年轻人的话题插不上 ·无法得到长时间的陪伴 ·短时陪伴后，孤独感增强	·老年人出行不便 ·腿脚不便的老年人 ·无法出门社交	·看电视容易睡着，易着凉 ·子女不在身边，很难学会使用电子设备 ·与他人联系不便，加深孤独感
机会点	·营养搭配、个人健康管理服务和个人身体可视化服务 ·身体不适时的及时照顾与陪伴 ·家庭助手服务，可以进行家庭保洁管理以及购物助手		·合适的陪伴对象，寻找平台 ·现代化潮流话题与科普服务	·便捷的社交途径与活动	·及时的陪伴服务 ·电子设备指导与教学服务

随后，通过对旅程图的理解，陪伴小组从中抽取核心行为，挖掘出了4个洞察点，如图5-63所示。

在得到洞察点后，陪伴小组发现老年人群体出现各种问题的背后的一个普遍的原因是老年人由于身体机能和社会价值的逐渐降低而造成的安全感缺失，同时因为与社会的联结逐渐变少，老年人群体产生强烈的孤独感。基于上述的分析，陪伴小组总结出了老年人群体的三类需求：①被需要、被认可的心理需求；②提升自身关注度的需求；③保持自身积极心态的需求。针对这三类需求，陪伴小组遵照HMW的思路提出了三个问题，并通过头脑风暴的方法探索了解决方案，如图5-64、图5-65所示。

小组将头脑风暴的解决方案划分为3类，分别解决3个HMW的问题，最终得到了3个设计概念：分享、交流和健康，如图5-66所示。就像马斯洛的需要层次理论一样，这3个设计概念是具有层次的：最底层是健康，中间层是交流，最顶层是分享，如图5-67所示。

图5-63 洞察过程

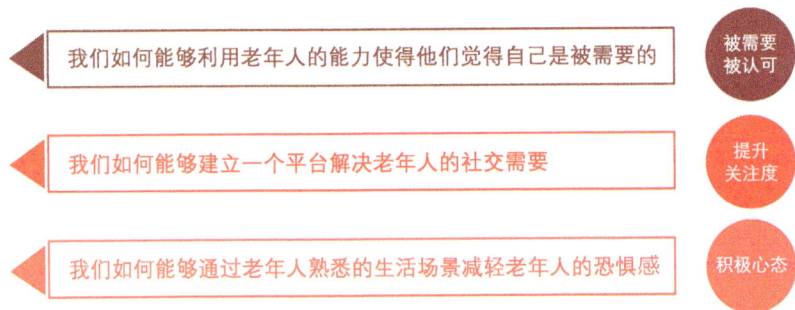

图5-64 HMW的问题

图5-65 头脑风暴词云

图5-66 方案分析过程

图5-67 设计概念的层次图

四、产品设计

在确定了分享、交流和健康3个设计概念后，陪伴小组决定设计一个社区化养老陪伴服务系统。图5-68为该服务系统的概念定位图。

对于不同的用户画像，社区化养老陪伴服务系统所扮演的角色是不同的：①照顾型老人在行动不便时可以满足生活需求的服务平台；②内向型老人在孤单寂寞时可以与他人沟通或联系的交流平台；③外向型老人在空余闲暇时可以与他人分享及互助的渠道平台；④年轻子女在异地工作时可以及时了解父母的状况的信息平台。

在社区化养老陪伴服务系统中，老年人、年轻人（子女）以及学生作为支持系统运转的三大群体，他们与服务社区呈现互利的关系，如图5-69所示。首先，老年人是该服务系统的主体。该服务系统可以为老年人提供与他人互动的机会，不仅可以提升老年人的归属感，而且可以维护该服务系统的日常运转。其次，年轻人是该服务系统的消费对象之一。该服务系统可以提升社区的整体吸引力，增加购买成交量。最后，学生作为该服务系统的参与者，为社区提供相应服务。同时社区中的老年人为学生传授生活经验，也可以为科研提供有效信息。该服务系统的功能点如图5-70所示。

在系统的功能上，围绕分享、交流和健康3个话题，小组设计了服务系统包含的众多功能点。同时，小组通过绘制用户使用该系统的蓝图和故事板来展现系统所提供的功能，如图5-71、图5-72、图5-73所示。

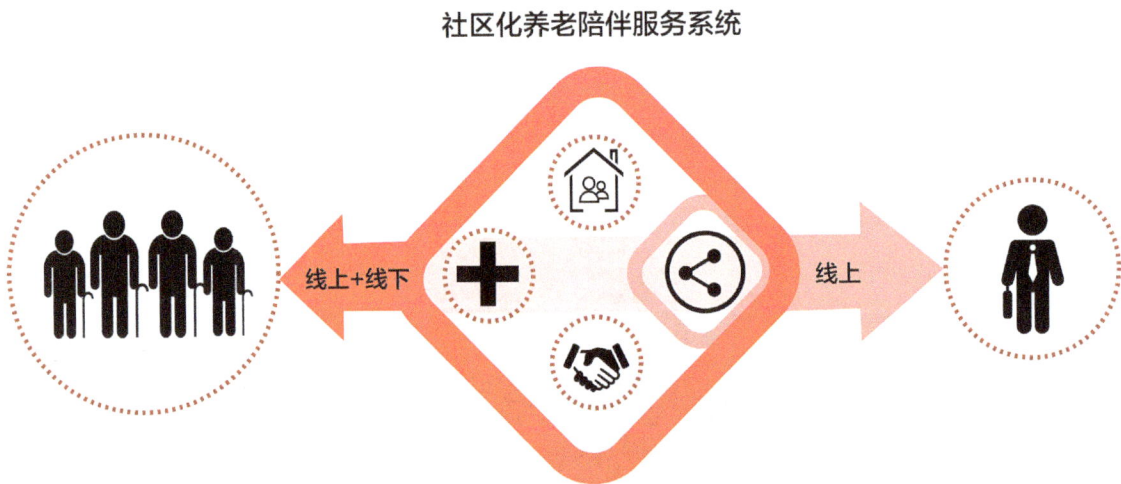

图5-68 概念定位图

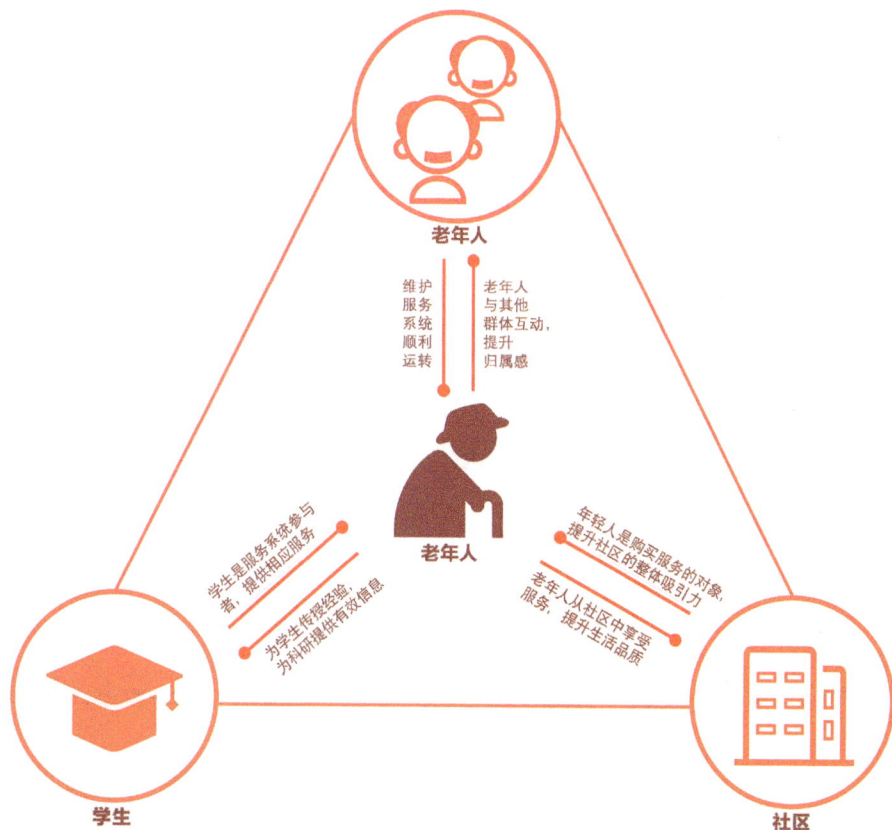

图5-69 功能规划图

老年人

维护服务系统顺利运转

老年人与其他群体互动，提升归属感

老年人

学生是服务系统参与者，提供相应服务

为学生传授经验，为科研提供有效信息

年轻人是购买服务的对象，提升社区的整体吸引力

老年人从社区中享受服务，提升生活品质

学生

社区

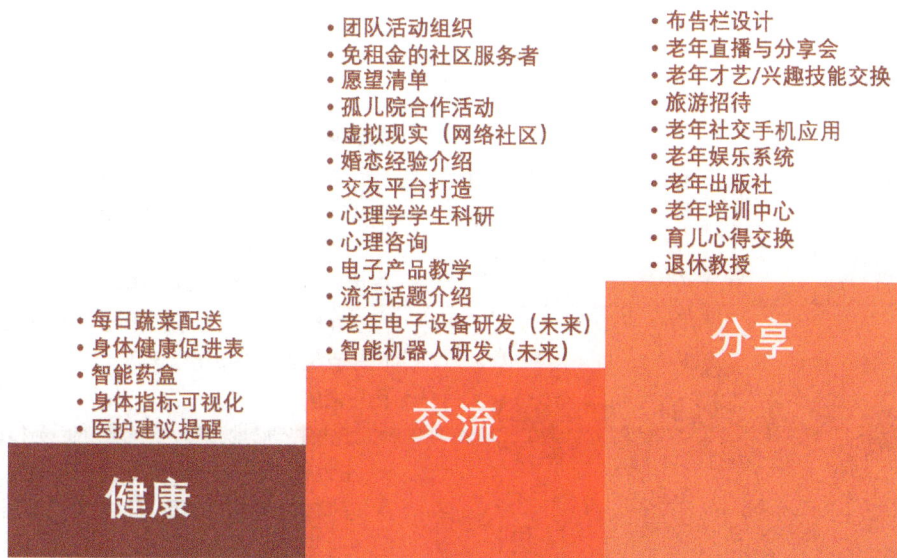

图5-70 功能点

健康
- 每日蔬菜配送
- 身体健康促进表
- 智能药盒
- 身体指标可视化
- 医护建议提醒

交流
- 团队活动组织
- 免租金的社区服务者
- 愿望清单
- 孤儿院合作活动
- 虚拟现实（网络社区）
- 婚恋经验介绍
- 交友平台打造
- 心理学学生科研
- 心理咨询
- 电子产品教学
- 流行话题介绍
- 老年电子设备研发（未来）
- 智能机器人研发（未来）

分享
- 布告栏设计
- 老年直播与分享会
- 老年才艺/兴趣技能交换
- 旅游招待
- 老年社交手机应用
- 老年娱乐系统
- 老年出版社
- 老年培训中心
- 育儿心得交换
- 退休教授

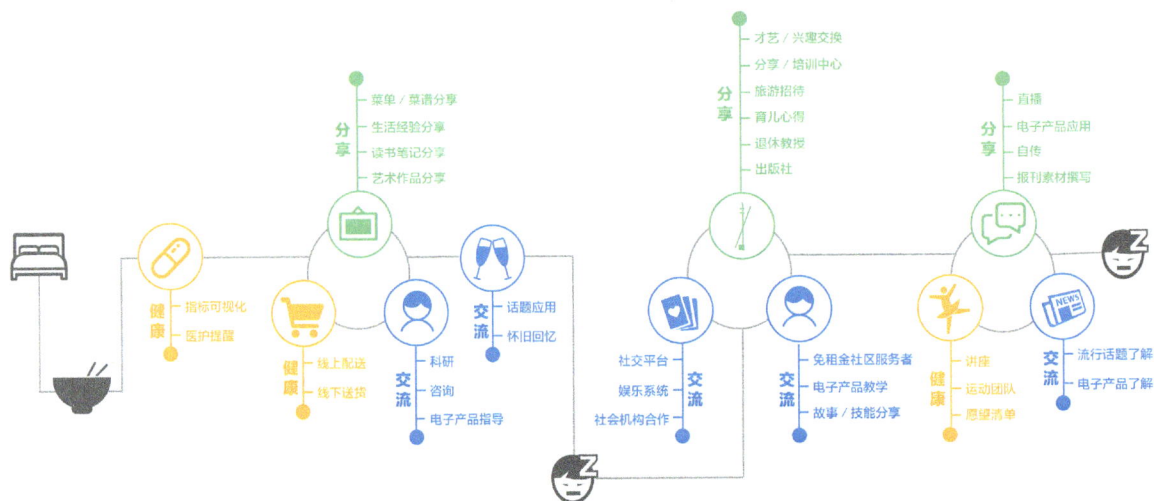

图5-71 社区化养老陪伴服务系统蓝图

故事描述

- 爷爷做好菜后，把自己的菜单贴到分享栏
- 到老年社区学习二胡
- 心理学学生教老人科学教养孩子的方法
- 回来后发现，自己的菜单被点赞

用户情感

- 收到别人的赞非常开心
- 教会别人拉二胡，很有成就感

图5-72 故事板1

故事描述

　　王先生要出差一天，但是担心行动不便的王大爷无人照顾，遂求助于社区服务平台，愿意支付费用。平台在手机应用上发出通知，李阿姨刚好闲来无事，就接了这个订单，给王大爷送去了新鲜的蔬菜，帮他做了午饭，陪他聊天，教他上网，王先生回来支付了陪护费用给李阿姨。

用户情感

- 王先生安心地工作，对社区的服务很满意
- 王大爷感到自己今天过得舒服又有趣
- 李阿姨觉得自己帮到了社区里的邻居，还获得了一些报酬，感到很满足

图5-73 故事板2

五、教师点评与学生反思

（一）教师点评

蔡晴晴："首先这一组很好地抓住了用户情感层面上的感受。另外，从制作上来讲，这一组相对比较严谨，他们在研究方法上紧密地结合了心理学的方法。比如，在前期调研的时候，他们会考虑文化背景、地域差异等，包括在进行用户访谈之前，他们都会对每一名用户有一个相对的预判，很好地说明了为什么要找这名用户来做访谈，他能给我什么等一系列的问题。我对这一组的建议是他们的服务包含了很多的内容，但是有必要把服务的渠道再明确一些。比如，子女和父母联系的平台是什么？是一个手机应用吗？如果是的话，老年人会去用这个手机应用吗？所以，他们的产品故事虽然很好，但是具体的产品形态还远远未成形，需要进一步的深化。"

王阅微："我非常喜欢他们的三个用户画像：照顾型、内向型、外向型。这三种类型能让用户很快地感受到这些人物的一些特点。用户画像很重要的是让用户能够很快地明白这类人物的状态、他们的需求和价值观等。他们在陪伴的概念中加入了年轻人这个概念，考虑得很全面。我的建议是他们可以再在自己的产品中找到一些差异的点。比如，他们的活动和传统的活动的区别在哪里。"

（二）学生反思

陪伴小组成员：董燕燕、李坤、石一凡、高天宇、张弛、易如、李国实、宋赫秋和郝逸凡。

"我认为在此项目中，后期的解决方案设计这一部分，仍存在不足。关于解决方案的想法是缺乏清晰的定位和主线的，原本应该是自上而下的产出过程，但在实际运用中有些混乱。

"可视化可以应用到访谈、研究分析、小组沟通、方案汇报等各方面，让参与沟通的对象更好地共情，这是一门艺术。

"即使你无法在第一时间采访到你的目标用户，也可以从相关人员的角度出发来审视同一个问题并提供帮助。

"只凭想象是不能学好用户体验设计的。首先用户体验的重点就是围绕用户，而想要了解用户的想法，仅靠设计者的想象是完全不够的。虽然也不能离开设计者的想象，但是想象是一个发散的过程。怎样把想法收敛回来以及如何筛选已有的想法，这就需要用户的意见。"

第五节　购　物

扫码观看视频：
Good Buy

现在随着网络的发展，越来越多的人选择网购。网购过程日益完善，用户的各类购物需求都已经得到了满足，所以如何找到一个新的切入点，是这个课题的难点。最后，购物小组将焦点集中在如何设计"一个会买礼物的购物管家"，能帮助用户做到"礼不失礼"，更好地完成从挑礼物、做礼物到送礼物的过程。图5-74为购物课题组报告封面。

Good Buy

Online Shopping

一个会买礼物的购物管家

图5-74 购物课题组报告封面

一、桌面调研

依据对于课题的初步理解和定位，购物小组开展了桌面调研工作，对网购的现状、趋势和品类进行深入的了解，重新定义网购。

图5-75的调研结果表明，2015年各季度网购规模同比增速在30%～40%，增速略有放缓的2015第四季度网购市场实现交易规模12378.5亿元，同比增长30.7%，环比增长34.5%，交易规模首次突破万亿大关。这说明网购在当代日常生活中处于很重要的位置。

图5-76的调研结果表明，2015年相比2014年，社交网购用户的网购比例增加了2%以上，人均社交网购金额增加一倍左右，说明大众对于社

交和网购相结合的接受度还是很高的。

通过以上的调研结果，购物小组将网购定义为：繁忙的都市生活中平衡人际关系的一种行为方式。

随后，购物小组对现有的产品从品牌、特征、产品及定位和优劣势进行了竞品分析。

图5-75 网购交易规模的调研结果

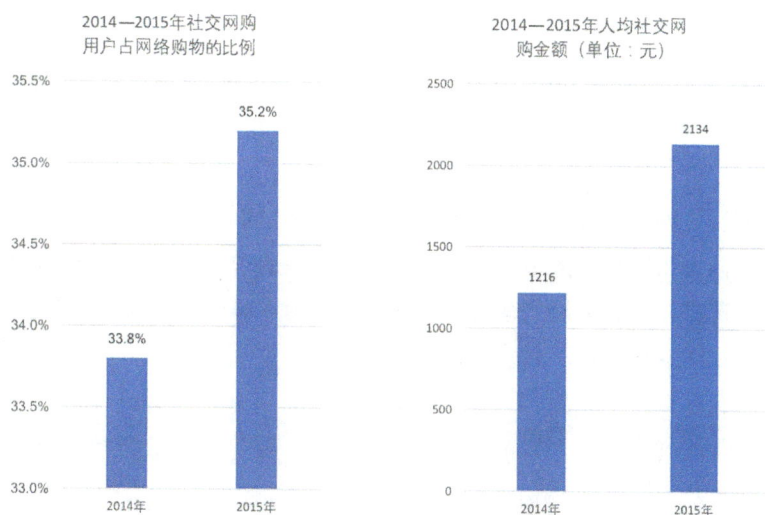

图5-76 网购社交化趋势的调研结果

二、用户研究

通过桌面调研，购物小组对网购有了更深的理解，针对5个核心点对用户进行了访谈，5个核心点分别为：网购频率、年消费、网购目标、网购渠道和对于网购环境的追求。

（一）用户群体聚类

根据访谈获得的资料，购物小组选择了四个评价标准，分别为年龄层次、理性程度、经济水平和时尚感。通过对这四个维度的聚类，选择了三种用户群体，分别为追求时尚的穷学生、时尚前沿的轻奢白领和货比三家的理智父母，如图5-77所示。

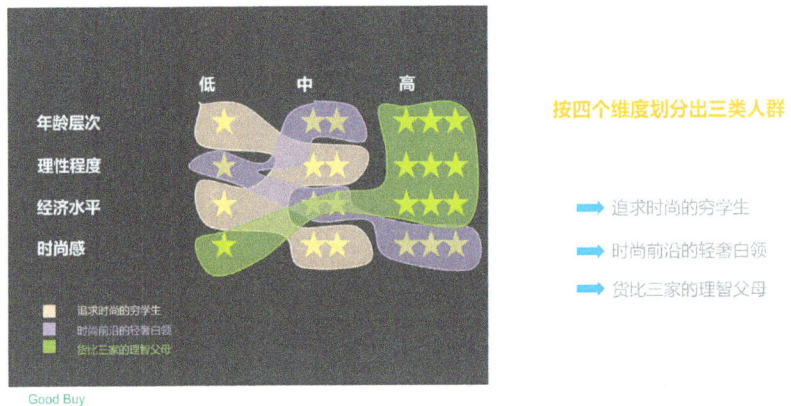

图5-77 用户聚类过程

（二）用户画像建立

聚类三种用户群体之后，购物小组发现穷学生与理智父母的花销目的与轻奢白领相比较为简单、相对固定，主要是追求性价比。因此，购物小组最终选择了时尚前沿的轻奢白领作为主要用户群体，并据此建立了用户画像，如图5-78所示。

三、机会点洞察

在建立用户画像后，购物小组通过对陈白露的人物性格、处事风格的分析，绘制了一系列的购物故事板，从而得到了故事中用户可能存在的需求、痛点和机会点，如图5-79所示。

随后，购物小组将各个故事用时间线索重新梳理整合，以"线下购物到线上购物的转变"为主题绘制了旅程图，其中包括了陈白露的行为、需求、痛点，每个阶段的情绪变化，以及所对应的机会点。

如图5-80所示，通过旅程图，购物小组将用户痛点归纳为三类：省时省力、维护人际关系、凸显自身品位。购物小组认为维护亲密的关系是核

个人信息： 陈白露，29岁，职位是大堂经理；她非常顾家，喜欢维护形象并且对时尚有自己的见解，对人际关系非常敏感；未婚有男友。她对自己和手下都有高标准、严要求。

行为： 派对、约会、上班、旅行、化妆
价值观： 注重时尚、享受生活、追求完美
需求： 在父母面前渴望真正的独立，但在父母的眼中还是个孩子；渴望感情更近一步，需要在有限的精力下经营感情；渴望升职加薪，需要和领导、同事处好关系。
场景： 工作场所、娱乐场所、交友场所

图5-78 用户画像

小故事					

故事名称	陈白露的烦恼	发生时间	2017年2月10日	发生地点	家中

故事简介：马上就到情人节了，想送男朋友一件他会喜欢的礼物，手表、领带……都已经送过了，怎么办

用户需求：希望送男朋友喜爱的礼物

用户痛点：对于选礼物纠结的烦恼

故事插图：

机会点：提供一个可以达到精确匹配的推荐功能，让用户体会到省时省力的购物体验

图5-79 故事板举例

心需求，同时产品使用的便利性、个性化定制、突出品位与内涵也十分重要。

通过不断的迭代与思考，购物小组综合了现有的用户需求，并通过头脑风暴得到了一系列的产品功能，如图5-81所示。

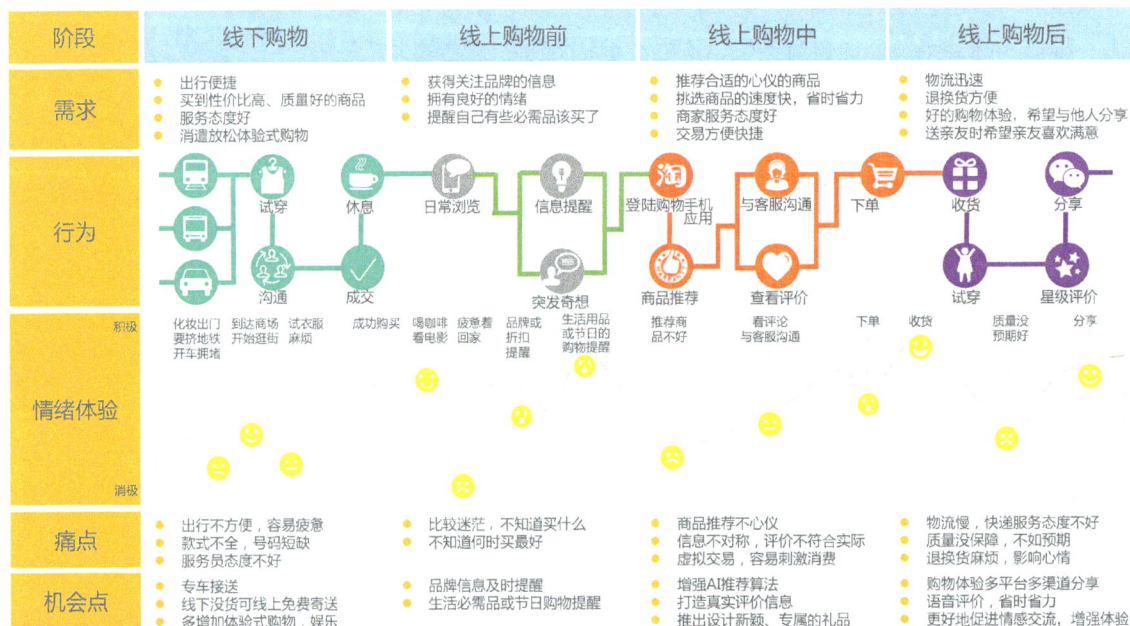

图5-80 购物小组的用户旅程图

图5-81 产品功能的头脑风暴

四、产品设计

购物小组希望通过功能点的设计来满足用户希望可以紧密维护社交圈的关系的需求，解决选择礼物耗费大量认知资源的问题，满足用户追求完美的心理。

① 关联账户+获取浏览记录=搞定男朋友。

② 智能社区礼物助手+大数据=搞定朋友，如图5-82所示。

通过输入好友的个性数据，购物助手推荐具有类似喜好的用户所中意的礼物，最终用户只需在少量选项中选择；机器通过不断的学习，会逐渐完善推荐算法，从而越来越精确地推荐礼物。

① 好友DIY+生产厂家支持=彰显品位+拒绝撞衫，如图5-83所示。

② 买方变卖方，彰显独特品位，如图5-84所示。

③ 送礼的数据相册=送礼很有诚意，用数据量化送礼诚意，如图5-85所示。

五、教师点评和学生反思

（一）教师点评

蔡晴晴："这一组无论在用户画像还是在故事板这方面都有比较强的带入感，能够充分地唤醒用户的同理心。同时，他们的解决方案不仅解决了买礼物的问题，而且深刻地分析了人们为什么要去买礼物。比如，人们是为了推动人际关系去买礼物的，那么他们的产品就会去帮助用户增进人际关系，这实际上是洞察到了用户本质的需求。有几点建议，首先他们需要区分开市场划分和用户画像。前者指的是对市场上的群体有一个大体的划分，还没有聚焦到某一类的群体，这也是和用户画像的区别。其

图5-82 推荐功能的界面设计

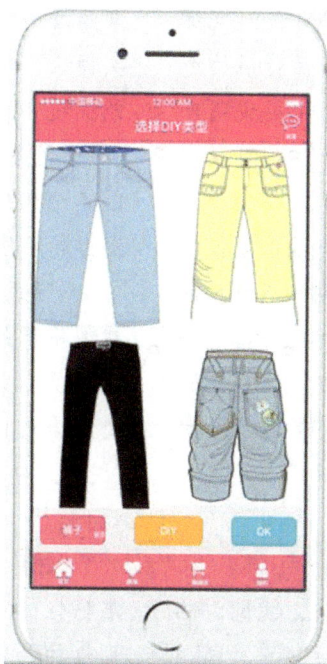

图5-83 DIY的界面设计1

图5-84 DIY的界面设计2

图5-85 数据相册的界面设计

次，他们最终的产品功能涉及了三类群体，但是前面的用户画像只描述了一类群体，这实际上是不太完整的。最后，他们的产品背后的逻辑也需要考虑清楚。在最终的产品中要说明产品背后的逻辑，让我们相信这个产品是可以实现的。"

王闻微："他们的概念很有趣。他们不仅仅是去解决送礼这个问题，更是要解决送礼背后想要达成的目的。我认为他们是可以继续完善这个概念的，现在需要做的就是要利用数据来扩充概念的维度。送礼时不同的人到底会考虑什么问题：价格、品牌，还是送礼的诚意等。"

（二）学生反思

购物小组成员：李圆圆、朱迪、魏凡、韩燃燃、左婷婷、张路、范亚强、马卫征、高鹏飞和王逸群。

"洞察是事实之下的事实，是对于事实的不同角度的看法，是事实之间的联系。洞察由事实而来，用以获得解决方案；洞察越深，越可能找到有创意的解决方案。

"我们要做的是从真实的用户视角定位服务的各个渠道，并用深刻的分析去挖掘跨渠道的潜力和产品创新的空间。

"曾经我狭隘地认为，用户体验就是用户在使用产品时遇到了障碍，改进产品，让操作流程更加顺畅。细节固然重要，但用户体验要从全局的角度去考虑产品服务体验、环境、行为、沟通渠道等方方面面，这些都可以被设计。

"我认为所谓用户体验，是把设计从一种依靠感性的艺术学科，真正变成一种符合逻辑的理性的开发过程。但用户体验应该不仅仅局限在设计中，而是更能迁移到生活中。"

第六节　兼　职

兼职区别于全职，是指用户在本职工作之外兼任其他工作职务，其本质是企业购买劳动者的空余时间，属于共享经济的范畴。在传统的雇佣结构中，企业的弹性用工需求与个人的空余时间都是巨大的长尾，但由于其碎片化的特性无法批量对接，移动互联网的出现，使这种对接成为可能性。图5-86为兼职课题组报告封面。

同时，随着劳动力人口的锐减、产业结构调整等变化，越来越多的企业选择弹性用工方式，越来越多的劳动者期待过上U盘式的生活[①]，两个趋势催生出巨大的市场，兼职将成为人们习以为常的就业方式。

通过前期的调研工作，兼职小组对于兼职这个概念有了一个全面的了解，同时确定了本次课题的调研设计流程，为后续研究的开展提供参考，如图5-87所示。

扫码观看视频：
358平台

① 出自著名自媒体人罗振宇提出的概念。他认为，未来中国人必须适应"U盘化生存"，概括起来有16个字：自带信息，不装系统，随时插拔，自由协作。

358
给予大学生兼职群体全方位的关怀

图5-86 兼职课题组报告封面

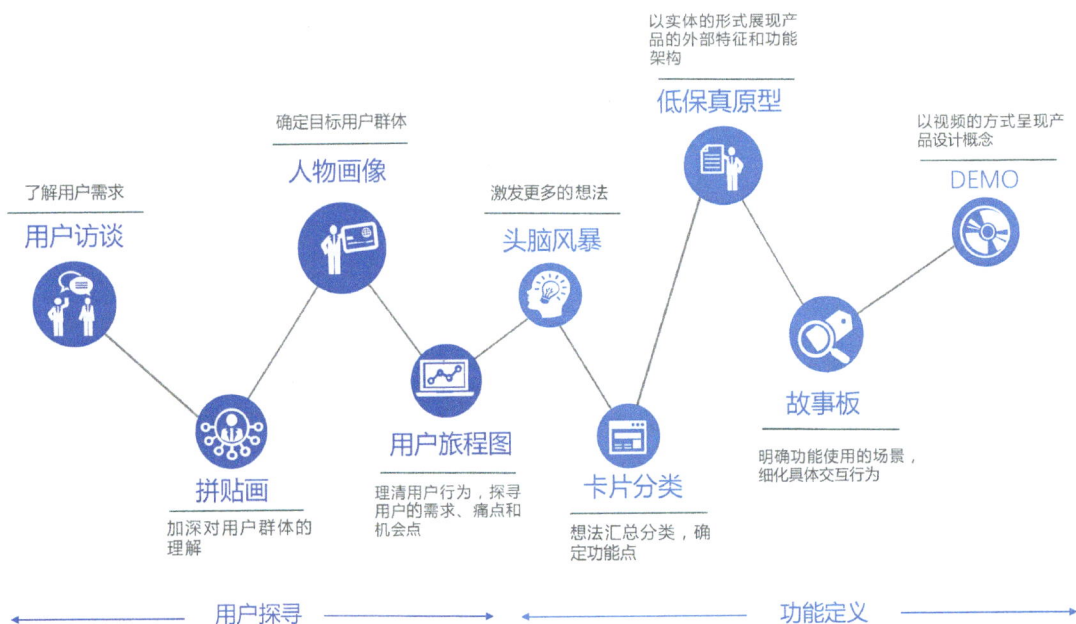

图5-87 调研设计流程

一、桌面调研

（一）市场调研

通过市场调研发现，现今市场上主要有两类兼职群体：社会临时用工和大学生兼职。其中，社会临时用工的市场存量约4000亿人民币，且呈现逐年走高的趋势；大学生兼职的市场存量约200亿人民币，呈现迅猛增长的趋势。同时，全国大学生中，近72%的大学生具有兼职意愿。此外，大学生群体具有地理位置集中、新事物接受能力强、移动互联网普及度高等的特点。如果将大学生兼职作为切入点展开产品设计，那么未来可以延伸到社会临时用工市场。据此，兼职小组初步将用户目标群体确定为大学生兼职群体。

随后，兼职小组又调研了目前市场上存在的兼职问题和用户普遍的兼职目的，为后续的分析做铺垫，如图5-88所示。

（二）竞品分析

兼职小组就市场上占比空间较大的三种兼职平台进行了功能和优缺点

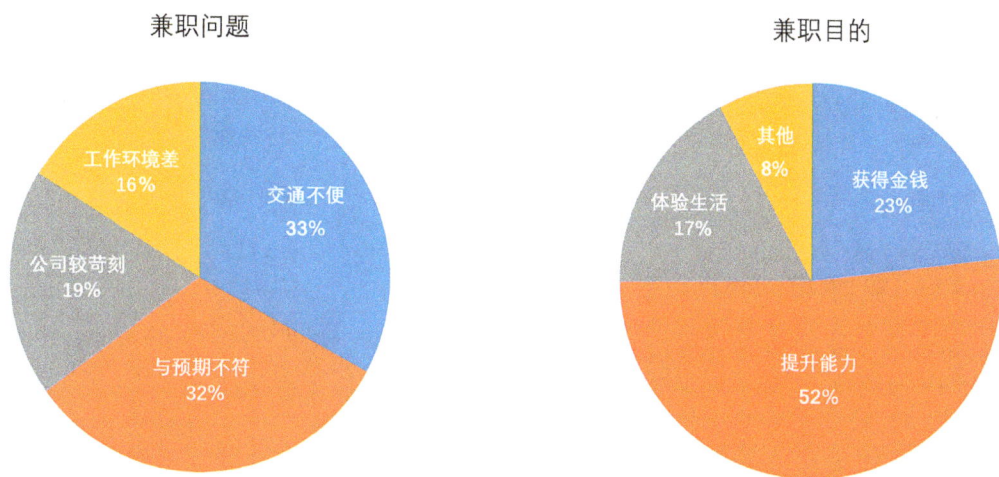

图5-88 兼职问题与兼职目的

的调研，发现目前的兼职平台主攻前期兼职岗位提供方面，对于兼职者入职后的情况未涉及，存在很大的市场商机，如表5-9所示。

表5-9 兼职平台分析

	兼职猫	微兼职	同学帮帮
主要功能	兼职旅行；超大信息量；个性化推荐	众包模式；工资提前支付	主攻"可靠"；私人订制；建立人才库；社交平台
描述	根据网络汇集大量兼职信息；根据简历推荐兼职	包含普通的兼职信息和碎片化兼职；提前支付所有工资	提供可靠的兼职，保证兼职的岗位水平；建立人才档案；提供会员交流区
优势	提供大量兼职；提出兼职旅游的概念	整合兼职者的碎片时间；解决兼职者对工资的担忧问题	"可靠"的口碑营销；根据能力推荐岗位；提供交流平台

二、用户研究

（一）用户访谈

针对大学生群体，兼职小组开展了用户访谈工作。访谈问题涉及兼职内容、兼职时间、兼职动机、兼职中遇到的问题和情绪几个方面，共访谈了3名大学生，如表5-10所示。

表5-10　兼职小组的访谈结果汇总

访谈用户	1	2	3
基本信息	男，24岁，学生	女，23岁，学生	女，23岁，学生
兼职内容	管培生，主要为销售业务	不间断地做不同的兼职	互联网公司新媒体运营
兼职时间	周一至周五的9:00—18:00，经常加班，周六日偶尔也会加班	不定期	每周保证三天时间，9:00—17:00，偶尔会加班
兼职动机	体验工作；开阔视野；赚零花钱	赚取生活费；体验与专业相关的领域；假期时间比较充裕	提升专业技能；能够将课堂上的知识应用到公司中
兼职中遇到的问题	价值观冲突（做了和自己价值观不符的事情）；上班时感觉无聊，拖到最后需要加班来完成工作；兼职占用精力，没办法兼顾上课和兼职	与预期不符，自己的劳动没有得到相应的报酬；校内兼职的成长空间小，想去社会上兼职，并且得到相应的指导；兼职会和自己的本职学生之间存在时间冲突；发现兼职岗位是不喜欢的岗位时，会觉得自己没有得到提升，兼职是在浪费时间	大量时间花费到帮助同事做杂事，浪费时间；刚工作时，有些不适应公司氛围，感觉自己效率很低；兼职会和自己的本职学生之间存在时间冲突；当所做工作被领导批评后，自信心下降，对类似工作感到畏惧
情绪	发工资时很有成就感；加班时感觉很不舒服；教课时，会从小学生身上体会到工作的价值	与心理预期不符，兼职不是很开心	觉得浪费时间，受到各种打击，总体来说不开心

（二）用户画像

通过用户访谈结果的汇总分析，兼职小组建立了用户画像来塑造目标群体形象，如图5-89所示。

图5-89 用户画像"钟小辉"

三、机会点洞察

（一）旅程图及分析

围绕用户画像"钟小辉"，兼职小组绘制了从兼职开始到结束整个过程的用户旅程图，并对其中可能产生的用户痛点和机会点做了分析，如图5-90、图5-91所示。

通过对用户旅程图的整理，兼职小组概括出了三名大学生在兼职过程中产生的痛点：①兼职过程中难以处理和同事领导的人际关系；②兼职过程中的工作效率低；③感觉在兼职过程中没有学到东西。

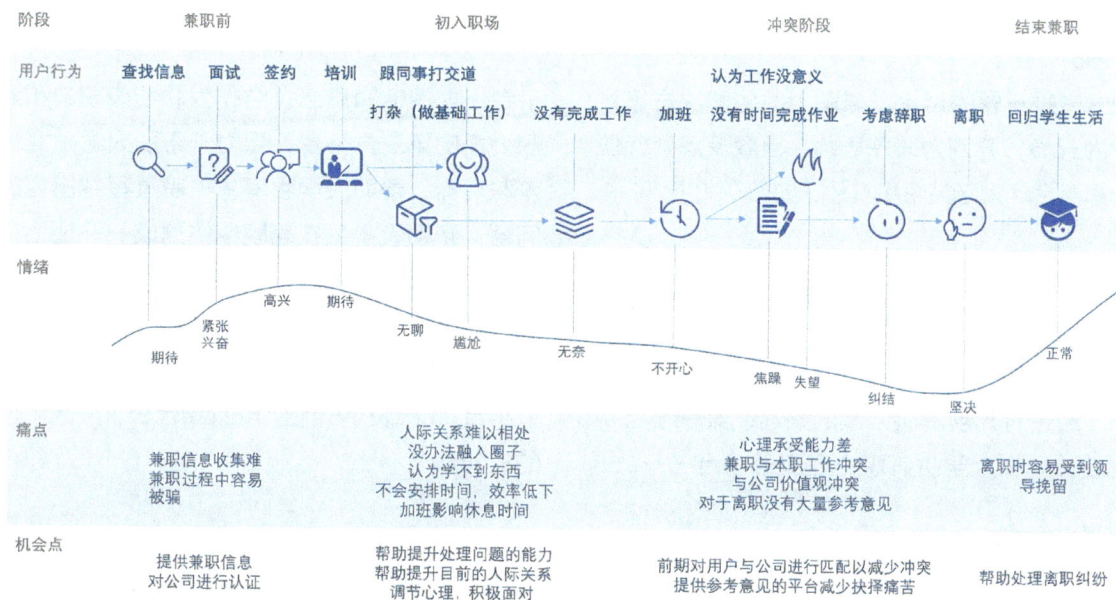

图5-90 兼职小组的用户旅程图

图5-91 痛点和机会点

针对这三个痛点，兼职小组提出了三个机会点：①帮助兼职学生群体提升处理问题的能力；②考虑用户的深层心理需求，为他们创造机会；③帮助用户改变心态，使其能够积极地面对问题。

（二）解决方案挖掘

兼职小组就提炼出的痛点和机会点进行了思考，通过头脑风暴，每个人写出尽可能多的解决方案并将它们分类汇总，提炼出可操作的功能点，在功能点的基础上，建立设计概念，如图5-92所示。

通过一轮的讨论，兼职小组将解决方案划分为五类，分别为兼职导师、自我反思、经验分享平台、人际关系和其他，如图5-93所示。

四、产品设计

（一）产品概念

通过对几项解决方案的整理，兼职小组决定设计一个大学生兼职心理服务平台——358

图5-92 课堂讨论

平台，如图5-94所示。它作为联结兼职者和兼职公司的第三方平台，致力于帮助大学生实现兼职目标，帮助大学生解决兼职过程中出现的问题，帮助大学生在兼职中快速成长并让他们在工作中获得快乐，如图5-95所示。

358这一名字涵盖了产品定义的三个方面：3代表了3个对象，即兼职者、兼职公司和第三方平台；5代表了5个工作日；8代表了一天工作的8小时。

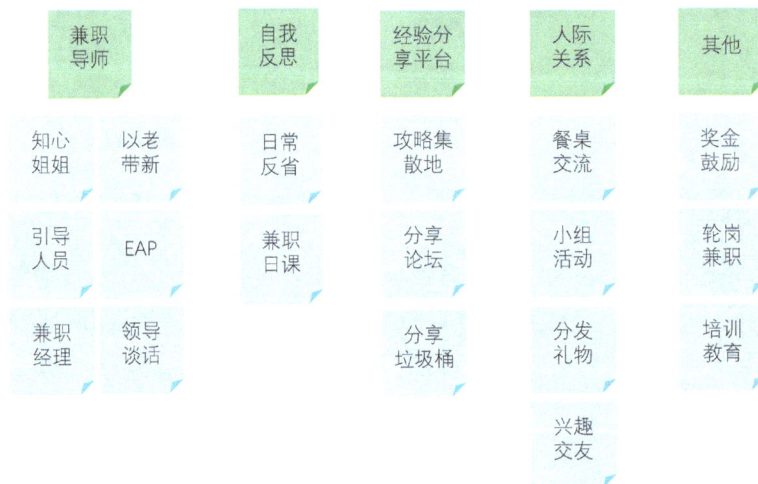

兼职导师		自我反思	经验分享平台	人际关系	其他
知心姐姐	以老带新	日常反省	攻略集散地	餐桌交流	奖金鼓励
引导人员	EAP	兼职日课	分享论坛	小组活动	轮岗兼职
兼职经理	领导谈话		分享垃圾桶	分发礼物	培训教育
				兴趣交友	

图5-93 解决方案

兼职者 ○ 兼职公司

第三方平台

5工作日 / 周

8小时 / 天

3　　　　**5**　　　　**8**

图5-94　358平台

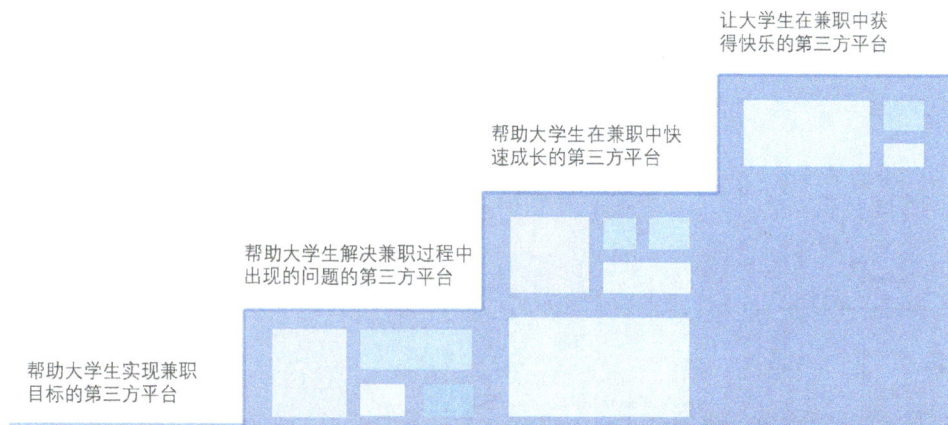

让大学生在兼职中获得快乐的第三方平台

帮助大学生在兼职中快速成长的第三方平台

帮助大学生解决兼职过程中出现的问题的第三方平台

帮助大学生实现兼职目标的第三方平台

图5-95　358平台的功能目标

（二）功能设计

358平台的各项功能包括日课、兼职经理、论坛、轮岗兼职、交友活动、福利提供、兼职保险、工作匹配、工作评价，其中在内圈的日课和兼职经理两项功能属于最为核心的功能，如图5-96所示。

1. 核心功能

核心功能有日课和兼职经理。在日课功能下，用户每日记录自己的工作状况，并记录每日遇到的问题；当相同的问题累积到达设定次数，日课的内容会提交至兼职经理，如图5-97所示。兼职经理会对日课中出现的问题进行解答并及时细致地反馈，并且可以为兼职者提供心理辅导，改变兼职者在工作中的不良心态，如图5-98所示。

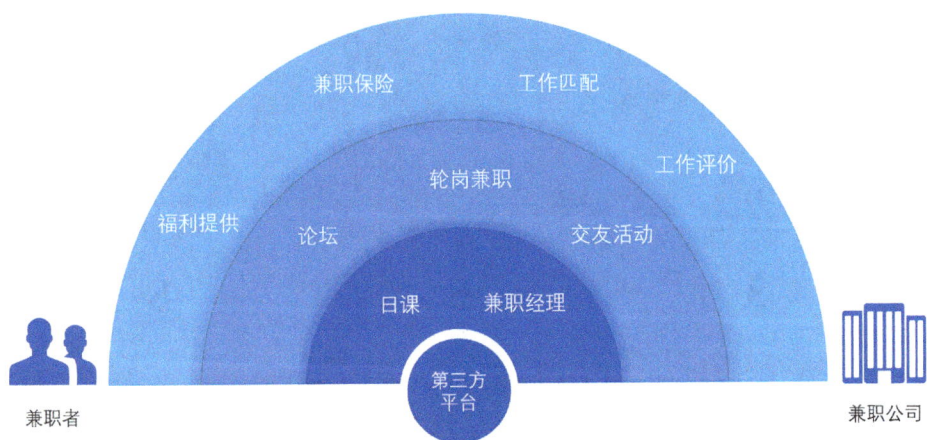

图5-96 358平台的功能逻辑图

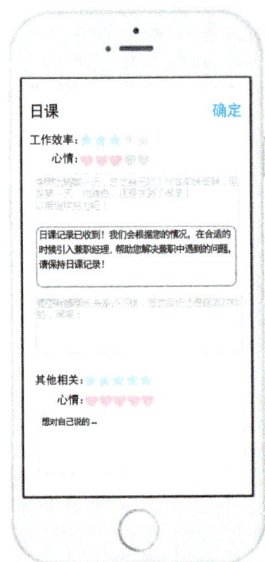

图5-97 日课功能的界面原型

兼职路上的引领人，助你正确面对
兼职中遇到的挫折和坎坷

对日课呈现的
问题进行反馈

兼职
经理

对已有的
问题细聊

改变兼职者面对
问题时的心态

图5-98 兼职经理功能

2. 外圈功能

外圈功能包括论坛、轮岗兼职和交友活动。其中，论坛功能为用户提供经验分享的平台；轮岗兼职功能由358平台和兼职公司合作达成，提供轮岗兼职的机会，使兼职者可以有机会学到更多的东西；交友活动功能由358平台提供交友策划，与兼职公司定期组织进行，目的是帮助兼职者快速融入新环境。

3. 辅助功能

最外圈的辅助功能包括四种功能。358平台为兼职者提供保险和福利，同时会根据兼职者的能力提供匹配度高的工作；兼职者也能对公司做出自己的评价，有更多的选择权。

各功能之间的联结关系如图5-99所示。

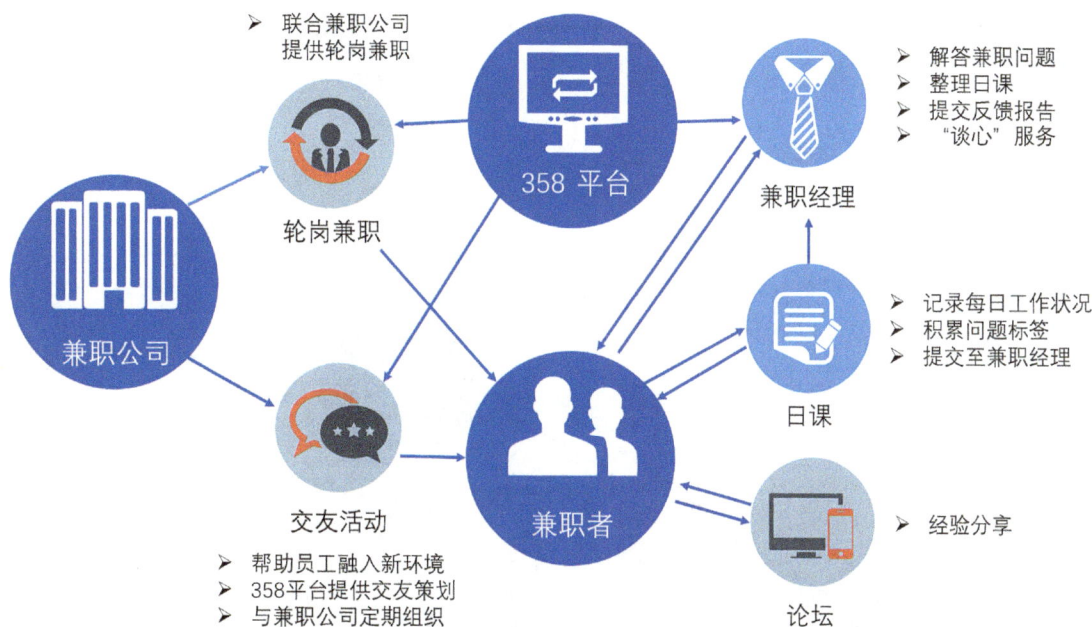

图5-99 358平台的功能联结图

（三）利益相关者

358平台涉及的利益相关者有兼职经理、兼职者和兼职公司。兼职小组描述了利益相关者之间的关系及盈利模式，如图5-100、图5-101所示。

（四）故事板

兼职小组用故事板的形式来表现他们的产品。故事板讲述了大学

- ➤ 招募兼职经理
- ➤ 进行入职前培训
- ➤ 付给工资

358 平台

兼职经理

- ➤ 平台获得收益
- ➤ 吸引更多兼职者

- ➤ 解答兼职问题
- ➤ 提交反馈报告
- ➤ "谈心"服务

兼职者

图5-100　358平台的利益相关者1

- ➤ 提供岗位

358 平台

兼职公司

- ➤ 招募兼职者
- ➤ 兼职经理
- ➤ 日课
- ➤ ……

- ➤ 提供兼职人员

兼职者

图5-101　358平台的利益相关者2

生钟小辉在使用了358平台后，通过日课和兼职经理的功能有效解决了曾经在兼职中出现的一系列问题，对兼职的态度逐渐改善，如图5-102所示。

图5-102 故事板

五、教师点评与学生反思

（一）教师点评

蔡晴晴："首先这一组的完成度相对来说较高。这是因为他们在最开始就筛选出了大学生兼职的三大核心需求，后期的所有设计都会沿着这个去做。乔布斯说过，'我的工作不是去创新，而是去排除那些不合理的想法'——聚焦是非常重要的，无论前期的痛点还是后期的功能，这一点非常值得大家借鉴。对于这一组，我的建议是，他们搭建的产品是一个服务的平台，那么这个平台就不可能只有大学生，肯定还会有发布兼职的机构、兼职经理等。他们都会是这个平台的用户，但是我现在没有看到他们对这些人的调研和分析。所以他们要做一个平台，还需要继续补充其他用户在这个平台上的行为、价值等，将它完善成一个全面平衡的系统。"

王阅微："第一，这一组描述了兼职者、企业、358平台之间的关系，将三者之间的逻辑表述得非常清晰，很值得借鉴。第二，他们的故事是唯一可以称作'故事'的。他们的故事中有三个元素：人，这个人做了什么，人的情绪变化——这也是反复提到但大家没有引起重视的。通过对情绪的刻画表述，我们可以很清晰地感受到这个人面临着什么样的问题，所以这一组后面的解决方案变得顺理成章。我唯一的建议就是把对产品名字的解释放在一开始的位置，应该是先有对于一个产品概念的理解，再产出相应的产品，这才应当是一个产品诞生的正确逻辑。"

（二）学生反思

兼职小组成员：谌静云、樊雨薇、郭德斌、刘晓宇、吕晨、孟子琪、乔良、王雪莹、张蒙和史傲雪。

"找到好被试，也就是典型用户时，要花费很长时间和很大精力去了解他的生活，充分体验和了解才有可能获得洞察，从而得到好的设计点。我们通常是为了完成某个研究步骤，而被动地凑齐调研数据，这样做实际上并没有理解用户研究的核心。

"用户画像是用来唤起人们的同理心的，不一定是一个真实存在的人物。用户画像代表的是一类用户。

"做产品也好，做事情也好，是要讲道理的，是要有逻辑的，要把时间和精力用到刀刃上。每种研究方法都有它们的利弊和目的，当我们知道我们要得到什么时，我们才能知道应该使用什么。

"我们常常犯的错误就是，深究一个问题不放，深入讨论很久后得到结论，然后却不会利用这个结论，仔细思考后才发现这个结论是没有用的，并不能指引我们下一步工作。使用方法研究问题但忘记研究意义，这是不可取的。"

总　结

本章主要介绍了北京师范大学应用心理专业硕士用户体验方向的2016级学生在唐硕公司课程中所做的6个真实的案例。这6个案例的主题分别是阅读、旅行、健身、陪伴、网购和兼职。围绕这6个主题，学生分小组开展了相关的用户研究工作，在对各自的课题进行理解后，各小组的工作主要围绕着桌面调研、用户研究、机会点洞察、产品设计这4个模块展开，并产出了最终的产品或服务设计方案。本章详细介绍了各小组的产品或服务生成的全流程以及其中所用到的用户研究方法，读者可以参考这些真实的案例对方法进行理解和学习。

  学生所做的方案还有不深入、不完善、不完整的地方，这也是用户体验的初学者都会犯错误的地方。这些案例虽然不尽完美，但我们没有将它们的缺点掩饰起来，而是赤裸裸地将它们展示给了读者，这也是我们希望用户体验的初学者可以从本章的案例中发现这些不完美，从而在未来的项目工作中有效地避免它们。

用户研究的迭代和变化十分迅速。对于一个用户研究者来说，适应这种高速变化的节奏是一个必备的技能。在学习方法和案例的同时，用户研究者需要结合实践中遇到的情况，主动探索行业发展的趋势。未来大数据、可穿戴设备和游戏化测量等新技术与用户研究的结合，将带来工作模式上的变革。同时，服务设计、场景化设计等设计新思维的引入，也为用户研究注入了新鲜血液。用户研究的未来需要广大从业人员共同营造和开创更广阔的前景。

第一节　用户研究与大数据

一、融合切入点

随着大数据技术的发展，数据量的爆发式增长和大数据分析技术的成熟，使用户可以被捕捉的行为数据越来越多，如社交网站数据、银联信息数据、电商信息数据、移动位置数据等。用户研究者有机会得到更多的用户样本，从海量数据中找到对自己有价值的数据，从而实现更精准的用户定位，多维度地描述用户画像。

（一）精准的用户定位

大数据为构建标签化的用户画像提供了可能性。大数据用户画像其实就是对现实用户做的一个数学模型，可以显著地描述用户，并且快速精准定位、搜索到目标用户。一个常见的实现方法就是通过标签进行定义。不同的标签通过结构化的数据体系整合，就可以组成不同的用户画像，实现用户的精准定位。

（二）精细化运营

大数据为企业的精细化运营提供了很多帮助。比如，研究者可以根据获取的大量用户数据构建关于用户体验的检测模型，用来分析产品的用户属性。同时，利用这些模型分析出用户使用产品或者购物行为的关键接触点，然后检测每个接触点相互之间的转化率。

例如，在用户购买商品的流程中，从首页、搜索、搜索结果、查看产品详情、把产品放到购物车以及最后购买和支付等接触点中收集数据，根据结果来修正运营模式，强化接触点的联结性。

同时，大数据可以帮助用户研究者了解和分析"用户从哪些渠道进来""用户关注什么""这些用户是新用户还是老用户"，从而帮助企业决定产品的投放策略和方向。例如，分析用户的来源渠道，可以帮助企业发现更多流量的来源和需要在哪些渠道加强投放广告及产品；分析用户关注点，帮助企业有效找到用户的兴趣点，便于在运营内容和形式上做出调整；分析对新老用户的观察，帮助企业掌握用户的生命周期，寻找拓展新策略和维护老用户的方法。

二、工作的变革

大数据技术为用户研究者提供了丰富和多样的数据，减轻了在大数据技术的支持下用户研究者获取数据的工作，可以分配更多的时间专注在分析问题和分析结果的迁移处理上，使用户研究者可以利用的数据源更为全面，可以使分析的数据素材更具信度。在大量的可视化数据中，寻找对用户行为的解释，这就是大数据对于用户研究的重要意义。

第二节　用户研究与可穿戴设备

一、可穿戴设备

可穿戴设备即直接穿在身上，或是整合到用户的衣服或配饰中的一种便携式设备。可穿戴设备不仅仅是一种硬件设备，通常还通过软件支持以及数据交互、云端交互来实现强大的功能，如我们现在常见的智能手环、手表、眼镜、臂环、戒指、衣服等。这些设备在帮助我们实现更便捷生活的同时，也不断地收集我们的行为数据。可穿戴设备的数据采集方式更为客观，因此这些数据对于用户研究很有价值。

二、融合切入点

凯文·凯利（Kevin Kelly）在《必然》一书中提到了一个词"追踪"，是指人们本身的数据会被不断累积，这些累积下来的数据能告诉你所不知道的自己。传统的用户研究方法挖掘用户的真实想法，需要熟练的主试者投入大量的精力和时间，并且会不可避免地带上主观因素。如果在访谈和可用性测试中使用可穿戴设备，一方面可以缩减用户研究者的时间，另一方面可以保证获取数据的客观性。

通过可穿戴设备获取数据的意义并不止于自动化和大规模的便利，还意味着可以获得更真实、精确、深层的信息。很多时候，用户给出的答案并非他真正的态度，社会赞许效应会让用户隐瞒自己真实的想法，而更多的时候是用户自己都没有认知到自己的态度。例如，当两种风格不同的图标同时放在面前时，很多用户对个人偏好给出的答案是相似的，但真的是这样吗？使用眼部或头部的可穿戴设备跟踪眼动轨迹及分析用户的微表情可以获取更真实有效的答案。

三、工作的变革

标准化和对用户真实行为的反馈都是可穿戴设备的优势。比如，通过可穿戴设备的佩戴，可以收集用户在自然使用环境下的数据，相比实验室环境下的数据更真实。

可穿戴设备与大数据起到的作用不同，可穿戴设备更关注典型用户行为特征数据的提取及对比，大数据更关注群体用户的数据提取。但是两者都可以作为用户研究者的工具。用户研究的目的是挖掘用户的需求和动机，这需要把用户的态度和环境因素有机地、创造性地联系在一起，这一切都离不开研究者洞察的参与、准确有效地使用数据及数据分析结果。

第三节　用户研究与游戏化测量

一、游戏化测量

游戏化测量是一种利用游戏过程中的用户行为进行收集和统计的方法。用游戏进行测量是近年兴起的一个趋势，它通过记录用户的真实反应来规避作假、社会赞许效应等问题。非娱乐性游戏（serious games，也译作严肃游戏、应用游戏）最初被定义为以应用为目的的游戏，是指以教授知识技巧、提供专业训练和模拟为主要内容的游戏。非娱乐性游戏的行业范围也不仅仅停留在娱乐行业，而是扩大到了各个领域的各个行业的知识传播、技能培训、兴趣培养等方面。这两类游戏都可以用来测量用户的心理活动状态，并且用游戏进行心理测量有着明显的优势：①有趣又放松的游戏将使用户的焦虑感和紧张感大大降低，甚至不会注意到测验的存在；②精彩的游戏可以大大提高用户的专注力，充分发挥出他们的能力，提高测验的准确性；③降低测验成本，所有游戏玩家都是潜在的受测对象，轻松上手，无须特别的被试约请及指导。

二、融合切入点

所有的企业都希望用户能够积极主动地反馈意见。把用户研究游戏化，让这种本身就带有奖惩性质的游戏去吸引用户主动贡献想法，是在技术的支撑下越来越容易做到的事情。我们可以为用户创造一个空间，让用户更加自由地表达意见，游戏性体现在之后的评价奖励上；也可以让用户参与到一种游戏中，让用户并不知道自己在接受测试，他们在游戏过程中的数据或者最终的结果将作为接下来分析的依据。

第一种游戏化的思路是指反馈的游戏机制。这种思路的核心是提供一个开放讨论的空间，让用户可以去反馈自己的使用感受，相互讨论以衍生出更多的想法。例如，论坛或虚拟社区为意见贡献者提供的奖励（代币或者徽章等），游戏化的意义在于提高这些奖励的吸引力。

　　第二种游戏化的思路是指游戏化研究。这种思路更能发挥游戏化测量的优势，将目标检测点放置在游戏中，使用户在玩游戏的同时就完成了测试，使研究者也能得到他们想要的数据。游戏可以免费放置在公共网络空间中，玩家只需支付时间来消费这款游戏，这会让用户研究从真正意义上实现连续的研究。

三、工作的变革

　　游戏化测量可用于开发新产品，拓展新用户甚至开发新的产品方向。只要游戏本身足够有趣，且能够契合研究者想要的特质就可以使用。比如，如果想对未来的新产品进行开放性预测，那么需要设计一个自由度高的游戏，来观察用户喜欢的颜色、造型、材质或者风格。如果想要明确验证某种特质，那么就可能需要更加细致和聚焦的游戏。把握游戏的趣味性和结果信度之间的平衡是游戏设计值得探讨的部分。游戏设计确实是游戏化研究的难点，但越来越细化的分工和游戏化研究的优势使得这必然会成为下一个用户研究的趋势。

第四节 用户研究与服务设计

一、服务设计

服务设计是近年来的热门话题，是随着社会和经济的快速发展与大众的需求逐渐产生变化而形成的。随着大众对物质的需求得到满足，人们开始向往更健康、更便捷的生活，各国政府也开始注重减少能源消耗、建设可持续型社会。生活方式和社会需求的改变，逐渐需要研究者开始考虑如何研究用户行为，以便整合跨界资源来满足大众的需求；如何统筹整个服务链，使服务更高效且符合用户的预期；如何有效使用资源，促进社会的可持续发展。服务设计应运而生。

服务设计是一个规划和组织用户、产品、系统的沟通交流活动的手段，以提高服务供应商和用户之间的有效互动，并更好地满足不同场景下的需求。服务设计也推动了设计思维的演进。传统的产品设计是一个相对独立的环节，服务设计是一个由不同职能部门相互联系、共同协作来满足用户纵向需求链的过程。服务设计的先进性在于其设计对象是服务，所以关联整个服务中的不只有用户，还有服务者和管理者，如图6-1所示。

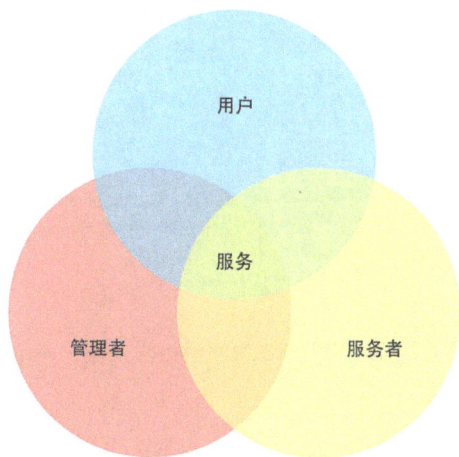

图6-1 服务设计对象

二、融合切入点

服务设计具有更高的附加值，有效的附加值的产生必定是基于用户的需求。因而，服务设计为以用户为中心的设计思想提供了更广阔的应用空间，从传统的关注单一的产品功能到关注服务链中所在触点上对产品功能的需求；从传统的关注用户行为到关注服务中所有相关者的行为；从传统的关注相应领域到关注整个服务链中的所有领域。在整个服务设计的过程中，对用户需求的研究成为服务产生的基础。在本书第三章的案例中，无论小罐茶的产品定位和对社会需求的研究，还是招商银行案例中对新空间的规划和划分，都是基于对人的具体行为和思想活动的研究。

三、更高的层次

服务设计可以有效地将用户、业务和组织联结在一起。无论营利性组织还是非营利性组织，服务设计都可以提供全局的视角以及有效的方法和工具来实现组织的目标。如今服务设计已越来越多地参与到组织的展现和决策中。

早在商学院中盛行的设计融合，其实就是服务设计的雏形，因为商业和创新永远是不能分离的，服务设计能够促进商业计划中的创造。在服务设计发展的20余年中，它已经从设计的一个小分支转变成一种处理复杂问题的方法与流程，成为企业制定策略、完善服务、迎接业务挑战的重要方式。

第五节　用户研究与人工智能

一、人工智能

人工智能是计算机科学的一个分支，它企图了解智能的实质，并生产出一种新的能以人类智能相似的方式做出反应的智能机器。该领域的研究包括机器人、语言识别、图像识别、自然语言处理和专家系统等。人工智能从诞生以来，其理论和技术日益成熟，应用领域也不断扩大，可以设想，未来人工智能带来的科技产品，将会是人类智慧的"容器"。

虽然人工智能当前并没有在应用中广泛普及，但智能化的思想其实一直在发展着。诺曼先生在《设计心理学4：未来设计》一书中探讨了未来的人机交互。随着智能设备的崛起，人们对智能设备不再是简单的控制关系，而是要迈向自然、共生的关系。例如，汽车与驾驶者是一个有意识、有情绪的、智能的系统。20世纪初汽车刚问世时，驾驶者提供全面的控制：本能的、行为的和意识的。随着科技的进步，汽车负责的本能层次部分也逐渐增加，它会自己控制发动机的内部引擎、油量调节和换挡等任务。随着防滑刹车、防抖控制、巡航控制的发展，和现今车道维持功能的加入，汽车承担了越来越多行为层次的功能。于是，很多现代的汽车负责本能层次的控制，驾驶者负责意识层次部分，两者共同承担行为层次的任务。

随着人工智能领域的发展，机器的学习能力和预测新的互动结果方面的能力将逐步提升。机器也逐渐能应对超出研究者预设简单条件的决策，人和机器的互动将会出现共同领域，这将实现人与机器的自然互动。我们通过将机器赋予学习能力、构建情感状态来协助人类生活，如图6-2所示。对智能机器的设计给用户研究提出了更高的要求。研究者通过设计一个具有情绪处理和复杂认知的系统，从传统的相对静态的用户研究中跳脱出来，同时将人和智能机器都看作用户来思考。研究者通过研究人来使智能机器提供符合人类认知的自然信号，让机器具有可预测性；通过研究机器的行为来增进机器与人类的互动。

弱人工智能		强人工智能	超人工智能
响应式机器	有限记忆机器	心智理论机器	自我意识机器
专有人工智能		通用人工智能	超级人工智能
计算智能		感知智能	认知智能

图6-2 人工智能

二、更深层的挖掘

随着技术的进步，人工智能对于某个具体个体的行为预测会越来越准确，这意味着用户可以享受更加便捷的服务，但也带来一个问题，这样是否减少了个体发展的可能性。举例来说，今日头条作为一款基于数据挖掘的推荐引擎产品，根据每名用户的兴趣，个性化推荐咨询，让用户在每一次刷新过后都能看到自己喜欢的内容。也就意味着，当推荐越来越准确的时候，用户就越是只能接受到同一类型的资讯，这似乎抹杀了个体发展的可能性。在这样的观点下，似乎产生了一个必然的矛盾，就是用户喜欢的体验会占据用户更多的时间，那么当用户满足于已有的体验，没有新的需求时，新的设计应该如何诞生？

现在，用户研究的对象常常是作为一个整体的个体，得到用户的喜好需要就是结果，但在人工智能的帮助下，或许能挖掘更加深层次的内容。喜好的背后是某些需求，需求的背后是动机，用户研究的结果通常是到动机这一层级，而在深层的部分呢？认知模式、行为方式甚至是人格，这些现在需要通过主观回答的特质，是否会在人工智能的强大计算能力和关联更多维度的数据上显露出可以被测量的结果呢？现在还没有办法回答，人工智能还充满很多值得期待的可能性，究竟能否实现更深层次的挖掘，还有赖于信息技术和心理学工作者的不懈努力。

总　结

本章前三节，分别从用户研究与大数据、可穿戴设备、游戏化测量的角度出发，探索了用户研究方法与工作流程上的未来变革；后两节从服务设计和人工智能的角度探讨了用户研究在应用前景上的未来趋势。用户研究是一种可以应用在更多领域的实用类方法，这意味着随着体验思维越来越受到认可，市场的竞争越来越围绕用户来进行，用户研究将会在更多的领域展现它的价值。这正有赖于所有从业者的共同努力，从各行业中找到与用户研究的切合点。当一个新的行业和用户研究结合在一起时，这不仅仅是用户研究这项研究本身的成长与发展，更是在这个行业内，开始越来越注重用户，越来越尊重人的体现。

参考文献

1. 埃里克·莱斯. 精益创业 [M]. 吴彤, 译. 北京: 中信出版社, 2012.

2. 比尔·巴克斯顿. 用户体验草图设计 [M]. 黄峰, 夏方昱, 黄胜山, 译. 北京: 电子工业出版社, 2012.

3. 代尔夫特理工大学工业设计工程学院. 设计方法与策略: 代尔夫特设计指南 [M]. 倪裕伟, 译. 武汉: 华中科技大学出版社, 2014.

4. 戴必兵, 彭义升, 李娟. 老年人抑郁症状与情绪调节策略的横断面研究 [J]. 中国心理卫生杂志, 2014 (3).

5. 戴海崎, 张锋, 陈雪枫. 心理与教育测量 [M]. 广州: 暨南大学出版社, 2011.

6. 戴力农. 设计调研 [M]. 北京: 电子工业出版社, 2014.

7. 盖文·艾林伍德, 彼得·比尔. 国际经典交互设计教程: 用户体验设计 [M]. 孔祥富, 路融雪, 译. 北京: 电子工业出版社, 2015.

8. 古德曼, 库涅夫斯基, 莫德. 洞察用户体验: 方法与实践 [M]. 刘吉昆, 等, 译. 北京: 清华大学出版社, 2015.

9. 加瑞特. 用户体验的要素: 以用户为中心的Web设计 [M]. 范晓燕, 译. 北京: 机械工业出版社, 2008.

10. 加瑞特. 用户体验要素: 以用户为中心的产品设计 [M]. 范晓燕, 译. 北京: 机械工业出版社, 2011.

11. 凯茜·巴克斯特, 凯瑟琳·卡里奇, 凯莉·凯恩. 用户至上: 用户研究方法与实践 [M]. 王兰, 杨雪, 苏寅, 等, 译. 北京: 机械工业出版社, 2017.

12. 克莱顿·克里斯坦森. 创新者的窘境 [M]. 胡建桥, 译. 北京: 中信出版社, 2010.

13. 克里斯托弗·D. 威肯斯, 贾斯廷·G. 霍兰兹, 西蒙·班伯里, 等. 工程心理学与人的作业 [M]. 张侃, 孙向红, 等, 译. 北京: 机械工业出版社, 2014.

14. 库珀，瑞宁，克洛林，等. About Face 4：交互设计精髓 [M]. 倪卫国，刘松涛，薛菲，等，译. 北京：电子工业出版社，2015.

15. 奎瑟贝利，布鲁克斯. 用户体验设计：讲故事的艺术 [M]. 周隽，译. 北京：清华大学出版社，2014.

16. 刘伟. 交互品质：脱离鼠标键盘的情境设计 [M]. 北京：电子工业出版社，2015.

17. 卢克·米勒. 用户体验方法论 [M]. 王雪鸽，田士毅，译. 北京：中信出版社，2016.

18. 彭聃龄. 普通心理学 [M]. 第4版. 北京：北京师范大学出版社，2012.

19. 斯滕伯格. 认知心理学 [M]. 第3版. 杨炳钧，陈燕，邹枝玲，译. 北京：中国轻工业出版社，2006.

20. 孙亚杰，何朝珠，洪燕，等. 社区空巢老人心理健康状况及心理护理供给需求研究进展 [J]. 中国老年学杂志，2017（1）.

21. 唐纳德·A. 诺曼. 设计心理学：日常的设计 [M]. 小柯，译. 北京：中信出版社，2015.

22. 唐纳德·A. 诺曼. 设计心理学2：与复杂共处 [M]. 张磊，译. 北京：中信出版社，2015.

23. 唐纳德·A. 诺曼. 设计心理学3：情感化设计 [M]. 何笑梅，欧秋杏，译. 北京：中信出版社，2015.

24. 威廉·尼科尔斯，詹姆斯·麦克修，苏珊·麦克修. 认识商业 [M]. 陈智凯，黄启瑞，译. 北京：世界图书出版公司，2009.

25. 汪明，郑长江，张楠楠. 心理实验和测量 [M]. 合肥：中国科学技术大学出版社，2002.

26. 王福兴，徐菲菲，李卉. 老年人主观幸福感和孤独感现状 [J]. 中国老年学，2001（13）.

27. 邢全超，王丽萍，徐巧鑫，等. 老年人人际关系与主观幸福感相关分析 [J]. 中国健康心理学杂志，2010（1）.

28. 约翰·安德森. 认知心理学及其启示 [M]. 第7版. 秦裕林，程瑶，周海燕，等，译. 北京：人民邮电出版社，2012.

29. 约翰逊. 认知与设计：理解UI设计准则 [M]. 第2版. 张一宁，王军锋，译. 北京：人民邮电出版社，2014.

30. 樽本徹也. 用户体验与可用性测试 [M]. 陈啸，译. 北京：人民邮电出版社，2015.

31. Baxter K, Courage C, & Caine K. Understanding Your Users: A Practical Guide to User Research Methods [M]. 2nd ed. San Francisco: Morgan

Kaufmann, 2015.

32. Bryman A. Integrating Quantitative and Qualitative Research: How Is It Done?[J]. Qualitative Research, 2006 (1).

33. Chauncey Wilson. Interview Techniques for UX Practitioners: A User-Centered Design Method [M]. San Francisco: Morgan Kaufmann, 2013.

34. Dix A, et al. Human-Computer Interaction [M]. 2nd ed. New York: Prentice Hall, 1997.

35. Donna Linchaw. The User's Journey: Storymapping Products That People Love [M]. New Rosenfeld Media, 2016.

36. Eason Ken. Information Technology and Organizational Change [M]. London: Taylor and Francis, 1987.

37. Jeff Sauro, James R Lewis. Quantifying the User Experience: Practical Statistics for User Research [M]. 2nd ed. San Francisco: Morgan Kaufmann, 2016.

38. Mike Kuniavsky. Observing the User Experience: A Practitioner's Guide to User Research [M]. San Francisco: Morgan Kaufmann, 2003.

39. Preece J, et al. Human-Computer Interaction [M]. Essex, England: Addison-Wesley Longman Limited, 1994.

40. Preece J, Rogers Y, & Sharp H. Interaction Design: Beyond Human-Computer Interaction [M]. New York: John Wiley & Sons, Inc, 2002.

41. Punch K. Introduction to Social Research: Quantitative and Qualitative Approaches [M]. London: Sage, 1998.

42. Punch K. Developing Effective Research Proposals [M]. 2nd ed. London: Sage, 2006.

43. Steve Mulder, Ziv Yaar. The User Is Always Right: A Practical Guide to Creating and Using Personas for the Web [M]. Berkeley, CA: New Riders, 2006.

44. Steve Portigal. Interviewing Users: How to Uncover Compelling Insights [M]. New York: Rosenfeld Media, 2013.

45. Steve Portigal. Doorbells, Danger, and Dead Batteries: User Research War Stories [M]. New York: Rosenfeld Media, 2016.

46. Tomer Sharon. Validating Product Ideas: Through Lean User Research [M]. New York: Rosenfeld Media, 2016.